機能櫃設計

500

設計師不傳的
私房秘技

INDEX

CONTENTS

1 複合收納篇

001

圖片提供 © 思維設計

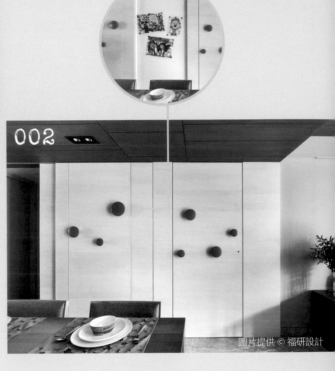

002

圖片提供 © 福研設計

001

畸零空間化身收納儲藏室

三角屋、長形屋、夾層屋等屋型常見畸零空間產生，設計為儲藏空間，可讓房子更顯方正且增加坪效。當原有格局有一個畸零空間，面寬不大且深，設計成衣櫃會凹一個洞，因此打造為儲物間，且將前方滑門加裝電視螢幕，帶出美感兼具的起居視野。

002

整合櫃體路線讓收納融入空間

走到哪、收到哪的「直覺性的收納」，是整理的重要口訣，順應生活動線、考慮平日習性才能讓整理收納事半功倍。將家中大部分的空間，以收納概念整合於電視櫃牆面，並將衛浴、主臥、雜物櫃等巧妙融入空間內，讓空間顯得開闊，視覺感到輕盈。

空間中少不了儲藏用的大量體收納櫃，如何化解大型櫃體所造成的壓迫與單調感，巧妙融入空間，又能將雜物隱於活動場域；一般人認為，獨立的收納空間是坪數大的房子才能有的空間規劃，但在設計中如果能運用家中的畸零格局規劃出儲藏室，或善用動線設置更衣間，反而能做收納的最大利用；而不想讓雜物影響空間美觀，也可隱藏於有門片的收納櫃中。

圖片提供 ©FUGE 馥閣設計

圖片提供 © 思維設計

003
淡色、跳色處理轉化無聊變有趣

深色容易讓空間感縮小，感到有壓迫感，尤其當一整面牆的收納皆以深色處理，感受到的將不是穩重而會是沉重；單一的白色門片又容易讓人覺得單調，如果於櫃體中間橫向插入靛灰藍色矮櫃，簡單卻又有趣，整體視覺也立刻產生變化。

004
內凹把手讓隱藏收納更為全面

運用門片的隱藏收納空間，讓雜亂的物品藏在視覺看不到之處，維持設計的美觀；突出的手把，則讓意圖隱形的櫃體化為有形；使用內凹把手即可讓隱藏收納更為全面。櫃體之中用圓的元素作為把手與平台造型，讓巨大系統櫃柔化出童趣氛圍。

005

006

圖片提供 © 甘納空間設計

007

圖片提供 © 甘納空間設計

005

展現設計層次的凹凸、黑白、開闔

玄關鞋櫃上下鏤空化解大型櫃體的壓迫感受，而為了不讓大門開啟時無法動彈，前方櫃體內縮藏電箱，而後方則是鞋櫃與衣帽櫃，並在其中做一排鐵件層板收納，運用凹凸、黑白、開闔展現層次。

材質使用 門片運用白色烤漆，並利用黑色鐵件做展示收納表現對比。

尺寸拿捏 玄關櫃前方內縮為 25 公分藏電箱，鞋櫃與衣帽櫃深度則為 35 公分。

006

360 度收納櫃，機能一應俱全

玄關進入後的巨大櫃體具有 360 度的收納功能，從鞋櫃、公共衛浴門片、書櫃、收納櫃到餐廳側的電器櫃一應俱全，並以亮眼的金色鍍鈦包覆，成為空間吸睛的亮點，且和黑色系餐廚產生對比視野。

材質使用 收納櫃體運用金色鍍鈦門片，與黑色系餐廚形成強烈對比。

尺寸拿捏 櫃體深度 50 公分，方便收納公共區域雜物。

007

選用相同材質，讓大櫃收納融入空間

由右方玄關門進入後，可見六排櫃體，前側三排為展示收納用途，並由後方打光讓大理石展現質感；而後方由左算起三排則為衣帽櫃，方便收納外出外套，並運用與玄關相同的玻璃門片及金色鍍鈦把手，將櫃體能巧妙隱藏且融入空間。

尺寸拿捏 展示櫃深度 40 公分，後方衣帽櫃深度則為 80 公分。

圖片提供 © 齊禾設計

圖片提供 © 齊禾設計

圖片提供 ©FUGE 馥閣設計

008

櫃體堆疊玩具槍造型增添童趣感

以親子宅為設計主軸的規劃，客廳電視牆在沃克板、胡桃木的堆疊下，打造出玩具手槍般的趣味造型，而懸空鞋櫃則是玩具子彈，並藉由不同高低尺寸的分割，圓滿多樣化的收納需求。

材質使用 沃克板的色澤均勻，且具有多種顏色可搭配設計，耐刮特性也更符合有孩子的家庭。

009

玄關升降櫃讓空間達到最大利用

因為室內挑高 4 米 2，設計師在玄關處降低天花以營造過渡的情境轉換，並將空調設備集中於此上方，剩下的空間則施作一個電動的升降櫃，可以收納家中行李箱或出門用品，讓僅有 15 坪的室內空間也能達到最大的運用。

材質使用 升降櫃使用鋁框及玻璃壓克力板，下方則為矽酸鈣板收整天花。

圖片提供 © 維度空間設計

圖片提供 © 十一日晴空間設計

010

壁櫃收納設計滿足 L 型玄關動線

玄關入口處考量穿脫鞋的便利，及出入門經常性的攜帶鑰匙、筆紙等，於是入口處規劃了半身斗櫃，並在門後整面牆面作封閉式櫃體，用以收納大量鞋子與雜物，並在玄關開始處以仿水泥紋磚作為啟始，形塑空間質感。

尺寸拿捏 門後牆面櫃與地面相距約 20 公分，採不落地的設計形式，加上間接光帶，讓櫃體更顯輕盈。

011

複合櫃體讓使用機能大提升

設計師沿柱體打造複合櫃體，巧妙修飾的同時也讓收納獲得滿足。自右到左依序為鞋櫃、餐櫃、收納櫃。由於深度達 60 公分，使得最右邊的鞋櫃可前後擺兩排鞋，中間展示檯面也能放得下料理家電。而最右邊的收納櫃，其層板可活動調整，並依需求調整收納空間大小。

尺寸拿捏 櫃體寬度 261 公分、深度 60 公分，能滿足餐廳、廚房、玄關的整體收納。 **材質使用** 設計者特別在展示牆面上選以馬賽克磚，讓空間帶點鄉村味道，

圖片提供 © 福研設計

圖片提供 © 福研設計

012+013
時尚牆櫃暗藏超大收納空間

玄關連結客廳的空間中，考量屋主一家有大量鞋子的收納需要，於是將玄關櫃與電視櫃體合而為一，搭配內嵌式窄型開放收納作為局部展示，實際上櫃門底下擁有大量收藏格櫃，能巧妙收納鞋子、雜物、DVD 等物件。

施工細節 櫃體上下保留了空間，以懸吊方式化解頂天立地的壓迫感，局部內嵌平台讓櫃面不顯單調，也讓物件能順手放置。

014

櫃體多機能，使用上更無虞

餐廳區旁便是玄關，設計師將公領域的收納集中於該大型櫃體，並在中間採造型壁爐搭配層架，添點蒐藏品，形成餐廳區的端景。壁爐左側為鞋櫃，右側為儲物櫃，由於櫃體夠深，厚重的鞋子、大型家電用品等更能被完整收納。

↗ 施工細節 線板是鄉村風裡的代表元素，設計者將此用於櫃體門片上，增添此風格氣息。**⊕ 尺寸拿捏** 櫃體整合多重收納，因此將寬度規劃為 2 米 4、深度 40 公分，如此一來擺放大型物品也合宜。

015

黑櫃圍塑鋼琴區成為亮點

利用電視牆旁邊不好利用的小空間規劃一處鋼琴區，讓原本單純的電視牆因為鋼琴區及牆櫃設計而有了更豐富的機能展現，而包覆鋼琴的黑色牆櫃也成為電視牆與玄關櫃的轉場空間，呈現出現代、簡約卻有層次的畫面。

■ 材質使用 鋼琴區以黑色凸顯灰調電視牆與白色玄關櫃，並在櫃體底牆襯以鏡面材質，與鋼琴一起呈現隱約反射的輕奢華感。

016

斜貼木紋櫃拉出開闊視野

三房兩廳的住宅以櫃體、牆面畫出一道斜面，矗立於玄關與餐廳之間的櫃體，開放鐵件部分主要收藏馬克杯，往下則是水壺收納平台，做為便利的茶水櫃使用。玄關入口白色櫃體提供鞋櫃、衣帽收納用途，洞洞板可隨意掛置鑰匙。

■ 材質使用 櫃體立面延續木紋材料，運用斜貼方式，加上灰白色調搭配，圍塑寧靜氛圍。

圖片提供@德本迪室內設計

017+018

電視牆櫃收納，讓機能三合一

一般電視牆的深度約莫需要 50 公分，而此案電視牆到大門旁邊的樑柱卻有 65 公分深，設計師把握空間實用性，將玄關雜物收納、大型物品收納以及電視牆三合一，不但可吊掛出門外套還能收放行李箱、吸塵器等大型物品。

↗ 施工細節 算準電視牆與客廳的距離、把握玄關收納的吊衣深度，兩者深淺交接處用圓弧收邊，溝槽隱藏把手，使整體視覺流暢。

圖片提供@德本迪室內設計

圖片提供@德本迪室內設計

圖片提供@德本迪室內設計

019+020

玄關秘技，鞋量兩倍收納

入門的玄關收納，將電箱藏起，還可掛衣服、雨傘，另外，拖拉式的層板將製鞋空間增量兩倍，左方多功能層板與抽屜，讓安全帽、鑰匙、帳單通通都有了歸宿。懸空的櫃體可暫放脫下的鞋子透氣，不佔用走道空間。

○ 五金選用 不浪費深達 50 公分的櫃體，鞋櫃採用抽盤式方便拿取也增加收納，而層板與抽屜增加實用性。

圖片提供 © 奇逸設計

021

連續木紋拼貼櫃體、天壁拉闊廣度

介於玄關與客廳之間的過度空間，深色木紋連續發展成為天花、壁材、櫃體，順著櫃體自然縫隙轉化成為天花與壁面的拼貼律動，既可削弱大樑，也能讓空間變大、變廣、變高，而此處的櫃體主要賦予廳區收納、展示使用。

■材質使用 櫃體中段區域置入深色鐵板為立面背景，並延伸彎折為不規則層架，讓色塊更具統一完整。

022

廚房收納櫃並與電器兩用

圖片提供 © 庵設計

此櫃設置於玄關出來右轉到廚房的位置，設計師利用商業空間常用的陳列手法，以鏤空設計，做為展示與置放電器兩用的櫃體；為了放置電器使用並配合使用的習慣高度，在某些低隔間裝上了插座。

■材質使用 擺脫以往廚房電器櫃的單調，以 OSB 定向纖維板為材質，底部用染色手法增加設計感。

023

圖片提供 © 天涵空間設計

023

動態變化，隨興分割櫃體表情

三面設計的櫃體，一側是餐廳電視櫃，背面是玄關鞋櫃，中間則為玻璃層板的藝品櫃。另一座位於餐桌旁靠牆的展示層櫃，黑色木皮外框，搭配淺色水波紋的滑軌門片鑲邊，門片嵌上茶鏡、灰玻、透明玻璃等三種不同材質，並且可左右移動，讓櫃體呈現動態變化趣味。

↗ 施工細節 三面櫃的內部，依空間需求設計出不同深度的收納，並透過黑色直線的線性切割，視覺上能減低量體的巨大感。

024

牆櫃斷開，虛實隱現

最右側放置畫作的白色立面為屏風牆，區隔出右後方的玄關空間，白屏風與櫃體，則以 20 公分的距離相間而開。白色櫃體與灰色層架，提供餐廳與輕食料理台的機能收納空間，提供杯盤陳列、咖啡機或食物儲藏等。

↗ 施工細節 白色櫃體與屏風牆以一刀切割，透過 20 公分的穿透空隙，讓光線可以援引至玄關處，賦予空間若隱若現的虛實美感。

圖片提供 © 森境 + 王俊宏室內設計

圖片提供 ©FUGE 馥閣設計

025

360 度旋轉鞋架讓收納加倍

設計師將出入口換了方向，避開原本入口有樑柱的畸零空間，使之成為玄關鞋櫃，再利用電視牆後方的空間隔成一個正方形的儲藏室，讓原本的長形屋獲得最大的坪效利用；旋轉式的五金，可在櫃內做 360 度的旋轉，也讓收納容量更大，拿取不費力。

● 五金選用 360 度正反旋轉的鞋架，讓鞋子不僅拿取輕易，之字型的交錯收納也讓鞋子的擺放數量加倍。

026

輕薄與寬大的不同收納

玄關進來左側的大型複合式收納櫃，五分之二做成置鞋的鞋櫃，另外五分之三則是隔間高度較大的收納；此外鐵件屏風旁的扁柱，既做為屏風端的支撐，也做為展示相框等小物件的空間。

■ 材質使用 防潮塑合板做出五門頂天大型收納櫃，鐵件屏風旁的扁柱則以鐵為材質，既薄且輕，但又有支撐力。

圖片提供 © 庵設計

027

圖片提供 © 甘納空間設計

028

圖片提供 © 蟲點子設計

027

沖孔門片創造輕量與透氣效果

在寬度有限的玄關處，利用既有 L 型結構拉出一面櫃體，兼具鞋櫃、外衣櫃，常用衣物可就近於門邊拿取，右側鏡面門片上端亦利用衛浴入口高度，爭取 28 公分深的儲物櫃，為小坪數空間創造豐富收納機能。

材質使用 選用白色沖孔板為櫃體立面，一方面具有減輕量體的效果，實則有透氣作用。**尺寸拿捏** 40 公分深的鞋櫃內採用斜立層板設計，增加收納量。

028

整合路線讓收納聚焦

整合玄關櫃、衣櫃、電視櫃、書桌的機能櫃體，從玄關臥榻穿鞋椅到電視櫃、衣櫃一體成形，懸空設計並設置向下間接燈光，讓視覺感到輕盈。

材質使用 中間一抹茶色鏡牆不僅有空間放大效果，也為簡單木質櫃體增添設計。

029

開放式設計讓角落收納更顯方便

位於客廳的黑色收納櫃，因為屋主希望能夠收納雜物，所以使用大面門片設計，斜條把手則讓全黑中展現隱藏的層次感；而櫃體一角則以開放式設計收納屋主收藏的 CD，不但好抽取亦讓量體顯得輕盈。🔍尺寸拿捏 黑色噴漆的收納櫃體深度 40 公分，並可雙排收納 CD。

030

結構柱體衍生鞋櫃、儲藏空間

格局還算方正的新成屋，善用既有結構柱體的畸零空間，發展出儲藏室、鞋櫃兼展示櫃，拉齊立面獲取 60 公分的深度，儲藏室也具有掛衣設計，兼具衣帽間，鞋櫃深度依據使用者尺寸，甚至可擺放到兩層。 ■材質使用 淺灰背景、烤漆的櫃體之下，鏤空展示櫃以金色鐵件構成，加上古銅吊燈，簡約中置入些許奢華質感。

圖片提供 © 禾光室內裝修設計

圖片提供 © 禾光室內裝修設計

031+032

刀痕實木複層櫃秀出質樸美

為避免一入門就穿視餐廳,將大門區先以水泥地板切出落塵區,接著再利用複合設計的玄關櫃阻隔直視目光,將動線引導至客廳。同時運用充滿質樸美感的刀痕實木皮包覆櫃體,與水泥地板相映出自然大地的舒適氛圍。

 **施工細節** 玄關量體頗巨大的收納櫃,特別採以懸空設計來避免沉重感,除了正面與側面具有展示櫃及鞋櫃的收納與隔間機能,在鞋櫃後方還有複層設計,可拉出式的層板櫃增加不少收納容量。

033

圖片提供 © 禾光室內裝修設計

033+034

微風曲線整合多元收納設計

玄關區拉出式的透氣鞋櫃，到主臥門片、層板收納櫃，以及客廳的隱藏式電視、電器櫃，將所有空間的機能都收納進美白牆面中，達到隱藏乾淨的視覺氛圍。

■**材質使用** 透過木皮噴白的牆面材質，以及微風般的柔美曲線設計，完美營造出住宅的清新氛圍。

034

圖片提供 © 禾光室內裝修設計

035

036

圖片提供 © 摩登雅舍室內裝修　　圖片提供 © 摩登雅舍室內裝修

035＋036

光的十字架，信仰的力量

屋主為虔誠基督教徒，設計師將信仰力量應用在居家設計。玄關左側展示層板上，
擺放基督教義的磚雕擺飾，地板以馬賽克拼貼出「五餅二魚」的福音故事。而衣
帽櫃門片，則鏤空刻出十字架造型，搭配間接光源，作為實用的玄關照明。

 施工細節　玄關衣帽櫃門片的十字架，除了是信仰符碼，鏤空設計也可取代把手。

圖片提供 © 思維設計

037

鏤空滑門為櫃體帶出視覺層次

電視主牆以白色噴漆及大理石建構立面，呈現乾淨清爽的主視覺。旁側電器櫃與收納櫃相結合並利用鏤空的白色木作滑門加以修飾，帶出視覺層次感，另一端湖水藍的鐵件展示櫃，則與沙發色調形成呼應，串聯室內意象。■ 材質使用 系統櫃外面加上木作滑門，讓制式的櫃體也能有耳目一新的不同感受。

038

東方圖騰寄寓家的美好祈願

設計師以中國結與圓形化為圖騰，打造書房櫃體門片上的飾紋。書櫃圖騰紋飾的滑軌橫拉門，材質為木框搭配灰鏡，左右兩側規劃開放層架，背板以木皮上漆並投射間接燈光，下方鏡面門片則讓書櫃更顯穩重大器。

↗ 施工細節 牆邊零碎空間以白色櫃體作收納，沙發角落不好取物之處，改作收整管線之用，一旁內凹的平台，則是可放茶杯等便利小茶几。

圖片提供 © 天涵空間設計

039

040

041

039

1／4 開放櫃，簡單設計俐落有型

客廳收納櫃將部分作為開放式設計，擺放屋主收藏的大型玩偶；其他則用門片收納收整公共區域的雜物，上下不到頂並以淡色呈現讓大型量體感覺輕盈。櫃體上方線條延伸到後方餐廳櫥櫃上緣，讓整體空間感更達到一致。

尺寸拿捏 1／4 開放格搭配素色門片設計，讓視覺感受輕盈俐落。

040

用系統櫃體的輕裝潢設計

依屋主喜歡的無印良品系統收納櫃，設計師將壁面空間整體規劃了適用的尺寸和大小，採取部分抽屜式、櫃門式作彈性整合，整體空間與主櫃相符的色彩及材質，並搭配丹麥 Muuto 傢具，造就十分自然溫暖的氛圍。

尺寸拿捏 配合系統櫃固定的尺寸，壁面頂邊與底邊保留了 5 ～ 10 公分的高度；近大門處則針對較亂的鞋子物件調整為封閉式收納。

041

落地櫃體巧妙遮樑，活化畸零空間

寬廣的客廳空間中想區隔出一方閱讀空間，於是設計師運用一字型沙發不靠牆的擺法，讓出沙發後方的區域，並打造貼壁式的櫃體，不僅巧妙補齊了大樑下的內凹畸零地，也將窗邊設計為多元活動區。

材質使用 櫃體至窗邊以天然梧桐木皮櫃體串連了收納、書桌和臥榻，以接近自然原色的材質強調家的舒適。

042+043

大坪數反而更需整合收納

60 坪的居家收納反而更重要，如果收不好那大坪數的優勢也會跟著消失，此案將家中大部分的空間，以收納概念整合於電視牆面，並將衛浴、主臥、電視櫃、雜物櫃等巧妙融入同個空間，讓空間顯得開闊。

■ 材質使用 櫃體門片採用霧面烤漆，且因所處的林口地區潮濕，樑柱與牆面使用硅藻土塗料，以利調節空氣中的濕氣。

圖片提供 © 蟲點子設計

043

圖片提供 © 蟲點子設計

圖片提供 © 伊太設計

圖片提供 © 伊太設計

044+045

櫃牆依客、餐、吧檯轉換風情

在開放格局的客、餐廳，沿著牆面而設的櫥櫃因不同區域需求而有因應設計，如客廳電視牆具有風格展示與電器收納機能，吧檯區則是可擺設收藏品的展示燈櫃，至於餐廳則為收納門櫃，讓寬幅牆面因櫥櫃設計而有更豐富表情。

↗施工細節 除了依區域規劃樣式各異的櫥櫃來增加空間變化感，下方均以白色抽屜櫃來減輕量體感，同時具界定分區的效果。

046

圖片提供 © 優士盟整合設計

046+047

櫃體門片開闔流洩輕奢華之美

60 坪的中古宅,客廳區域結合了書房,設計為開放式空間,為了考量屋主及孩子們閱讀時免受電視干擾,特別在電視櫃體加設了平移式櫃門,開啟時又能巧妙遮掩櫃體陳列時的複雜線條,並保有客廳低度奢華的俐落美感。

■ 材質使用 鍍鈦材質的門片表面為抗指紋的霧面金屬絲,能反射自然光線創造光源,為室內帶來明亮通透感。

047

圖片提供 © 優士盟整合設計

048

049

050

圖片提供 © 十一日晴空間設計

圖片提供 © 十一日晴空間設計

圖片提供 © 知域設計有限公司

048

櫃體、層架創造機能也形塑端景

公共區域在訂製木作櫃體的安排下，讓相關設備、書籍等，有秩序地做好收放。設計師也善用壁掛電視多出來的空間，利用內嵌手法搭配層板，創造出展示層。而木元素將不同形式的收納設計做連結，形成公領域中的美麗端景。

🔍 尺寸拿捏 電視櫃寬度 272 公分、深度 40 公分；書櫃寬度 167 公分、深度 40 公分；展示層架寬度 100 公分、深度 15 公分。

■ 材質使用 由於櫃體、層板造型不同，為讓整體更具一致性，均採實木材質。

049

櫃體中細部切割，讓收納各有所歸

為了讓櫃體展現機能，在獨立櫃體中又再度切割出不同形式的收納設計。中間搭配橫拉門形式，可用來擺放大型生活物品、家電；最左側與中間區塊則搭配開放式層架，不僅讓櫃體有不同的立體表現，也讓各物品有所依歸。

🔍 尺寸拿捏 櫃體總寬度為 427.5 公分、深度 60 公分。展示櫃單一深度與寬度均為 60 公分。■ 材質使用 為讓系統櫃體更具變化和立體表現，在開放層板部分選以鐵件為主。

050

大尺度收納櫃發揮多重置物效用

打掉一面牆後，形成開放式客廳與書房區，為了讓空間看起來更加舒爽，設計者在書房區配置大尺度的收納櫃，一部分為書櫃使用，一部分則當展示櫃，發揮櫃體的多重置物效果。

■ 材質使用 櫃體本體為系統櫃，但在門片部分使用的是烤漆處理，利於日後維護與清潔。🔍 尺寸拿捏 為了讓大型櫃體有充足的收納量，其寬度為 3 米 5，深度則有 45 公分。

051

051+052

跳色展示格讓簡潔收納櫃玩出個性

整合式收納能讓空間變得更為簡潔，餐廳收納櫃延伸至玄關櫃與電視櫃，佐以灰白色系放大了視覺空間效果，並將廚房需要的櫥櫃與電器櫃整合，另外於中間穿插跳色展示格，設計俐落中且帶有活潑童趣。

尺寸拿捏 採用霧面烤漆門片的櫥櫃，深度 60 公分方便收納廚房電器、用具。

052

圖片提供 © 一葉藍朵設計家飾所

圖片提供 © 游雅清空間設計

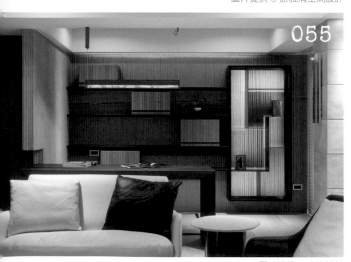

圖片提供 © 奇逸設計

053

延伸水平軸線，變出豐富儲藏與展示

原始屋況格局的分配不均，造成空間壓迫，藉由重新整頓，入口處倚牆面透過機能整合打造一座櫃牆，鏤空處可放置鑰匙小物或做為端景；門片式設計則是大容量鞋櫃，並以同材質延伸設備抽屜櫃、層架，豐富立面設計。

■ 材質使用 櫃體選用原木貼皮佐像牙白背景，局部搭配鮮豔彩度傢飾，營造出溫暖輕快的氛圍。

054

斜面軸線延展收納櫃牆

由入口發展的斜面線條，將電箱巧妙偽裝隱藏，並延伸成為電視牆櫃體，可收納大量的各式生活物件，右側開放玻璃層架則置入些許變化。而櫃體軸線與分割線條，實則呼應另一側開放櫃，避免視覺過於紊亂。

■ 材質使用 大面櫃體以白色噴漆處理，回應整體設計主軸，呈現潔淨純白的氛圍，也降低視覺的壓迫。

055

竹牆襯底打造東方人文質感

身為古董收藏家的屋主，偏好東方文化與藝術，於是整體空間主軸以東方為發想，開放式書房選用竹子刷飾清水模特殊塗料為櫃體背景，層架上擷取中式八寶櫃意象規劃為收納櫃，右側搭配黑鐵板反摺出開放展示櫃，創造出自然生動的畫面。

⤢ 施工細節 鐵件櫃、木櫃皆特意與牆面保有 3 公分的托開設計，保持竹子立面的完整性。 ■ 材質使用 木櫃表面貼飾竹皮木板，與整體氛圍更為協調一致。

圖片提供 © 齊禾設計

057

圖片提供 © 齊禾設計

056+057

對稱性櫃牆展現平衡美感

利用原本客廳較為寬敞的縱深，於沙發背牆後方發展出半腰櫃體搭配上方吊櫃，半腰櫃體主要收納使用頻率較低的換季物品，吊櫃部分鏤空設計，讓屋主收藏的公仔成為居家佈置一景，最右側入口處的櫃牆則整合鞋櫃、儲物櫃、衣帽櫃機能，延續左側相對應的線條分割設計，更具整體性。

🔍 **尺寸拿捏** 半腰櫃體及右側櫃牆深度達 60 公分，可收納的物品種類更為多元且實用。

058

圖片提供@尚藝室內設計

059

圖片提供@尚藝室內設計

058+059

黑白雙拼,收納無限延伸

餐廳的灰黑玻璃鏡面寬達1米8,與旁邊白色牆面,兩者為前後軌道的大型滑門,滑門的背後為大型的收納空間,深達60公分,收納功能足夠。

■ 材質使用 白色滑門清透明亮、黑灰色的玻璃鏡面有反射特性,同時加大空間延伸。

060

圖片提供 © 工一設計

061

圖片提供 © 豐聚設計

062

圖片提供 © 森境＋王俊宏室內設計

060

延續空間造型，深色櫥櫃展示簡潔

為延續客廳設計概念，廚房選擇深色系櫥櫃，門片式設計維持空間簡潔俐落的風格，而開放式層架後方運用燈光營造輕盈感受，旁邊則以灰色窗簾形成深淺與軟硬材質的對比，饒富趣味。

🔍 尺寸拿捏 門片收納與展示採用不同深度，櫥櫃深度 60 公分、開放櫃深度則為 40 公分利於收納。

061

轉個彎，在轉角遇見美型櫃

此案的餐廳與廚房不僅形塑出開放空間，同時環狀動線設計增加自由度，另外，對應餐桌的位置則以一座典雅造型的複合展示櫃作為定位主牆，放置旅遊照片或屋主收藏，既可虛化冰箱量體，也為用餐時光提供更多話題。

✏️ 施工細節 為改善冰箱右側畸零牆面，設計師巧思將缺點轉化特色，設計一座轉角展示複合櫃，轉移量體感也增添美麗風景。

062

開放吧檯串聯餐食軸線

鋼刷木皮營造出暖色清新的居家調性，大面櫃體利用簡潔俐落的連續立面收闔，將所有的收納機能隱於其中，中間則是進出廚房的金屬框玻璃門片。吧檯結合洗滌、輕食料理與食器收納，將餐廚機能串聯於同一軸線上。

🔩 五金選用 儲藏櫃的 L ／倒 L 金屬把手，搭配特殊的門片五金，開啟方式為先外拉、再橫移，櫃門收闔時較無縫隙，使得立面更平整乾淨。

圖片提供 © 甘納空間設計

圖片提供 © 懷特室內設計

063

玻璃餐具櫃讓取用一目了然

單身男子的品味小豪宅，熱愛下廚、品酒接待好友，設計師利用中島餐廚旁的空間打造酒瓶、杯盤專屬的收納櫃；不鏽鋼架讓每酒瓶能直接倚靠擺放，下面三層則考慮拿取的便利性，收納醒酒器、杯盤為主。

■ 材質使用 餐具櫃運用清玻璃材質拉門，兼具展示酒瓶、杯盤的作用。

064

貼心的無障礙收納櫃動線

純白、極簡線條的系統櫃，下方一小角規劃出小孩專屬的遊戲玩具收納區，並將一般櫃體常見的踢腳板設計移除，形成無障礙收納動線，方便小孩直接將玩具推車推回。另外較重、不易搬運的家電或行李箱，同樣省去上提搬運的動作，更輕鬆地完成收納。

↗ 施工細節 白色櫃體旁為深木色玄關櫃，不規則塗抹手法的樂土背牆，烘托櫃與壁面的層次感，且透過櫃的色彩對比以及天花設計，讓開放格局達到明確場域界定。

065

圖片提供 © 奇逸設計

066

圖片提供 © 奇逸設計

067

圖片提供 © 甘納空間設計

065

連續性櫃體收整生活與展示物件

老屋翻新的開放式廳區,沙發背牆以不對稱水平垂直分割的展示兼收納櫃為發展,創造生活感畫面。除此之外,櫃體之間巧妙隱藏小孩房門,突顯牆面連續性,甚至將弱電出線口隱藏在櫃內,即可收納無線傳輸基地台、電話等設備。

■ 材質使用 櫃體直向結構為鐵件,展現細緻、輕盈的視覺效果,並選用紋理有如貂毛般的木皮,而非一般直紋木皮,帶有一點時尚感。

066

提高亮度創造視覺跳色

從客變階段即著手進行規劃的新成屋,因應客廳區域以淺色系搭配深色石材,餐櫃稍微提高色彩亮度,創造出跳色效果,中間開放展示櫃則以白色鐵板搭配卡拉拉白大理石做背景襯底,在簡單分割下給予鮮豔明亮的視覺感受。

🔍 尺寸拿捏 櫃體深度約 45 公分,除了提供餐廳使用,也可彌補客廳的收納空間。

067

開啟方式不同,詮釋相異功能

左側展示櫃採用摺門形式,可彈性選擇開放或闔起,貼飾黑色壁紙的右側櫃體,則是對開式門片。在一片黑之中以不同門片詮釋相異功能,讓視覺富有變化;而黑色亦可淡化電視螢幕的存在感。

■ 材質使用 三種不同質地,包括帶有線板效果的黑色壁紙、黑板漆,以及染黑木皮,讓櫃體呈現漸層差異。

068

068+069

雙流理台的大型收納空間

吧檯區內部有雙流理台可供洗滌杯具與食材，下方則有大型收納空間，牆面上方的杯櫃可置放專屬咖啡杯，整體皆採用暖色實木增添氛圍。

■ 材質使用 利用雙層玻璃夾紗質花布，隔出吧檯內外的裝飾，配上嵌入的燈光，充滿浪漫情愫。

069

圖片提供 © 采荷設計

圖片提供 @ 樂創空間設計

圖片提供 © 豐聚設計

070

櫃體面板依收納物件展現不同機能

客廳電視牆使用特殊造型的文化石，下方電器櫃與旁邊高收納櫃，以實木深褐色搭配手染上色的湖水藍，因手染技法能使原木的紋路顯現出來，搭配銅與瓷的把手，突顯細膩講究。

▶ 施工細節 高收納櫃放置的是鞋子以及穿過的衣帽，所以設計百葉窗門板，以使於通風，避免產生異味。

071

電視牆櫃多功能，蒐藏超有趣

平時愛看電影的屋主一家，保留大面積的電視牆作為投影布幕的收放空間，而電視牆的周邊為大量的隱蔽式收納櫃；而電視體也設計出展示收納櫃，擺放屋主喜愛的樂高蒐藏，讓居家空間更有趣。

▶ 施工細節 電視牆擺放電視的位置，是多功能展示空間，設計師特別訂製一只水族箱供屋主擺放樂高乘船系列的蒐藏。

072

櫃體、層架創造機能也形塑端景

公共區域在訂製木作櫃體的安排下，讓相關設備、書籍等，有秩序地做好收納。設計師也善用壁掛電視多出來的空間，利用內嵌手法搭配層板，創造出展示層。而木元素將不同形式的收納設計做連結，形成公領域中的美麗端景。

☀ 燈光安排 擺設屋主收藏的展示櫃搭配燈光讓空間更添個人色彩，而門櫃則在下方採懸空設計，搭配下照式燈光避免沉重感。

073+074

進退立面櫃牆發揮收納坪效

22 坪的長型空間，利用廊道規劃收納與展示櫃牆，鄰近廚房的櫃體作為餐輔櫃，抽屜檯面可放置咖啡機，上端鐵件圓柱則是實用的馬克杯架，往後延續的進退立面內，則具有不同深度的實用收納櫃。

■ 材質使用 抽屜檯面選用烤漆玻璃材質，日後沖煮咖啡的水漬、咖啡粉末都更好清潔擦拭。

075

圖片提供 © 森境＋王俊宏室內設計

076

圖片提供 © 森境＋王俊宏室內設計

075＋076

品味大器的餐廚細節

餐廳旁的樓梯以輕量化鐵件取代 RC 結構，援引豐沛清透日光入內，並以大面積的拓採岩鋪陳壁面與櫃體，結合進口設備廚具、不銹鋼電器，收整成一俐落時尚的立面。

■ **材質使用** 量身訂製的中島，上方以白色鐵件製成吊櫃，收納酒瓶或懸掛鍋子杯具，吧檯下方則嵌入黑色鐵件層板，放置碗盤以方便拿取。

077

077+078

極光森林廚房的收納巧思

藍、灰漆色壁面，材質分別為黑板漆壁紙與磁鐵板，讓家人可彼此互動留言。穀倉風格的滑軌門片，左邊內藏了個大層架，右側是固定的裝飾門片，將冰箱與餐櫃隱藏。餐廳轉角牆上設計了附檔板的開放層架，可放調味料、杯盤、食譜書等，方便拿取。

↗ 施工細節 流理台上方吊櫃，以鐵件搭配展示層架，用來收藏擺放女主人的彩色鑄鐵鍋。餐桌旁增設附電陶爐的中島，拓展為外部輕食廚房。

078

079

圖片提供 © 寓子設計

080

圖片提供 © 寓子設計

079+080

白色底蘊,完美隱形空間

白色畫布般的兩片大型拉門門片,打開時可收闔於最右側的白色結構柱前,關起拉門則可將一字型廚具完全收整隱藏於無形,除了創造素雅白淨的風格居家之外,也可化解長輩對於開門見灶的風水顧忌。左側的電器櫃與冰箱櫃,則採用黑色增加空間視覺層次感。

↗施工細節 灰色餐桌旁增設洗滌功能的小吧檯,可將餐桌拓展為備料或作點心的區域,另一側延伸抽屜座榻,客人多時也不用擔心座位不夠。

081

圖片提供 © 森境＋王俊宏室內設計

082

圖片提供 © 森境＋王俊宏室內設計

081+082

門片打造形隨機能的空間變化

餐廚空間上方，木格柵交織出圓與方的立體造型天花，立面則採用橡木貼皮打造滑軌門片。門片位置可隨意調整，創造彈性的活動隔間，拉門往右便成為廚房隔間，拉門置於中間則成為餐廚櫃與酒櫃的門片，拉門往左則能將書房空間收闔關閉。

🔵 **五金選用** 橡木門片搭配 L 型大尺寸金屬門把，不論站在哪個位置、角度，都能更輕鬆的移動滑軌門。

083

083+084

樓梯轉角創造設計「摺」學

老房重新裝修,設計師改變了原本樓梯的位置,並運用樓梯轉折處的畸零空間,設計成電視櫃體與層架,並重新區分出空間定義。下方電視櫃體計算好影音器材的收納空間,並修掉方型直角的銳利感,讓斜切面造型與踏階轉角相呼應。

↗ 施工細節 白色為主的開放空間中,為了區隔客、餐廳與書房,樓梯扮演著重要角色,透過樓梯產生的折角也成功的讓空間有不同的定義。

084

085

085+086

隱藏櫃和假柱，床頭收納有心機

臥房空間中難免會出現樑柱直接對床頭
的煞氣困擾，影響睡眠品質，設計師巧
妙運用櫃體消弭樑柱形體，並延續櫃體
設計在窗邊加上假柱，床頭櫃內以衣櫃
的設計為核心，而假柱內則讓櫃體落地，
便於收納行李箱、電風扇等家電物品。

🔍 **尺寸拿捏** 床頭櫃內深度取 50 ～ 60 公
分，能剛剛好架設吊桿掛上衣物，上層則
設計層板，放置季節性的棉被寢具。

圖片提供 © 一它設計

086

圖片提供 © 一它設計

圖片提供 © 構設計

088

圖片提供 © 構設計

087+088

用櫃體讓兩房瞬間變三房

僅 15 坪的空間中，原本格局只有兩房，設計師將原有格局打破，讓客房退縮讓出自然光，卻仍保留原功能性，關上玻璃門、拉下窗簾，就擁有一間獨立客房；電視牆後方正好為主臥更衣間，上方畸零空間經過設計後，成為家中一人的安靜角落。

✐ 施工細節 為爭取更多收納空間，旋轉式階梯每一踏階皆暗藏抽屜櫃。

089

089+090
客房變身大容量萬用儲藏室

增加了儲藏室增加更大量的收納空間，更將客房置入全面性的收納機能，牆面、地面中可變化出桌子、櫃子與抽屜等，將家的收納效能發揮到極致，且偌大的空間還能成為孩子的遊戲場。

◐ 五金選用 地面櫃體約 30 ～ 45 公分深，能收納大型物件，油壓棒式的五金確保開闔時能順暢使用，也確保孩子安全。

090

圖片提供 © 構設計

圖片提供 © 構設計

091+092

櫃體營造頑童兄弟檔的小窩

年紀尚幼的孩子其實需要大量活動跑跳的空間，在地坪有限的空間條件下，設計師將牆面櫃體應用的淋漓盡致，除了上方層板外，兩側長形櫃還能容納行李箱，不僅規劃出小朋友日常生活所需的收納空間，也讓場域舒適寬廣。

↗ 施工細節 在床頭處多設計了床頭平檯，讓整個牆面視覺顯得不過於擁擠，而有呼吸的空間。

093+094

活動門巧妙包住複雜立面

坪數受限的臥房，擺上雙人床後空間所剩無幾，設計師發揮巧思，讓衣櫃櫃體沿牆作滿，一半為收納衣物，另半邊則作為梳妝檯與電視區，一旦不使用就能以活動門遮蔽，不僅維持立面的俐落乾淨，也讓小空間中充滿無限驚奇。

↗ 施工細節 窗邊以臥塌取代斗櫃，同樣省下空間，且增加櫃面收納外，也能增一處坐臥區域。

095

圖片提供 © 伊太設計

096

圖片提供 © 伊太設計

095+096

灰玻門遮蔽呈現精品櫃概念

在臥房床尾以好收、好拿取、好陳列為
設計原則,規劃出層板、吊掛與抽屜等
多元功能的牆櫃,讓屋主的精品包、名
牌衣物都有專屬位置,同時在櫥櫃外搭
配灰色玻璃拉門片的遮蔽,維持主臥的
整潔、優雅外觀。

■ 材質使用 門片選用灰色玻璃材質,展現
略為反射及隱約可見的效果,營造出穿透
感卻不似鏡面過於銳利的反射。

097

098

097+098

幾何線條勾勒牆櫃精品質感

主臥床尾區作為通道動線的空間說大不
大、說小不小,恰好用來規劃作為大儲
物區,常見是高身衣櫃的選用地。不過,
設計師除了將兩側規劃為衣物區,中間
則加入展示兼電視櫃的複合設計,除收
納外更增添生活情趣。

■ 材質使用 以深色木門與白拉門作外覆設
計,可與牆面融合、降低櫥櫃壓迫感,同
時門片以細溝縫做幾何切割裝飾。

圖片提供 © 伊太設計

圖片提供 © 庵設計

099

角落空間升級成靜雅書房

臥房空間有限，但又希望能有書房，因此，決定將窗邊受到樑柱壓縮的角落加以利用，首先將兩側牆面以櫥櫃設計對齊牆線，設計書櫃與收納門櫃，也化解畸零格局，再搭配訂製的書桌，讓角落升級為靜雅書房。

✎ 施工細節 沿窗邊規劃的書房區字有採光好與紓壓的窗景，格子書櫃也特別附加玻璃拉門，方便整理清潔。

100

衣櫃的不對稱線條

更衣間內有梳妝檯、衣櫃以及吊衣空間與收納抽屜。櫃體與吊衣空間後方的紋路牆面皆是以 OSB 定向纖維板為材質，下方收納抽屜上面則是玻璃，讓第一層置放的手錶或首飾等能一目了然。

🔍 尺寸拿捏 衣櫃以不對稱線條做分割收納空間，左側衣櫃線條的高度分別與梳妝檯、梳妝檯上的小櫃子水平同高。

圖片提供 © 合砌設計

圖片提供 © 懷特室內設計

101

木紋櫃體延伸視覺營造放大與溫暖感

擅長整理物品的屋主，對於收納空間格外要求，主臥雖已有更衣間，然而設計師額外利用床頭上方的樑下，規劃出鐵件櫃、木紋櫃，補足其他生活物件的擺放，而鐵件櫃亦可兼具書櫃使用。

■ 材質使用 將木地板發展成為櫃體門片的材料，視覺上產生延伸放大的效果，也讓黑白灰為主軸的空間增添暖意。

102

善用高 CP 值彩色系統櫃

設計師透過櫃體不同色彩組合，打造主臥的多元收納機能與視覺變化。床尾的懸吊置物櫃，採用中性色調的白，中段挖空搭配黑色展示格層。床左側為女主人活動區域，擺放化妝品的開放吊櫃，以粉嫩色系增添女性柔和氣息。

■ 材質使用 採用不同色彩、機能的系統櫃現場組裝，且在床頭與床尾牆面以文化石仿真壁紙與灰色漆施作，既能快速施工，也能有效掌握裝修預算。

圖片提供 © 寓子設計

104

圖片提供 © 寓子設計

105

圖片提供 © 寓子設計

103+104+105

清透玻璃材，衣物鍍上自然光

中央門片是通往衛浴與更衣間入口，以「TT」字型動線、雙門作為設計。臥房通道進入後右側是洗手台、左側為浴缸與淋浴間，走道底端配置了一長排的衣物架與層板抽屜讓收納更便利；衣櫃並特意不做門片，讓光線流洩至各個角落，營造出光切輕透的空間感。

材質使用 隔間與衣櫃背板採用清透的玻璃材質，讓複合式的更衣間和衛浴更為明亮舒適。

106

106

復古工業特色的複合收納

主臥打造男屋主喜愛的復古工業風調性。大型深木色櫃體透過長方格狀門板
作為低調裝飾，並切割成上、中、下段三部分使用。書桌上方則以生黑鐵搭
配沖孔網，仿鷹架結構式的收納層板，讓陽剛工業氣息更加濃厚。

■ 材質使用 書桌抽屜櫃的門板，採用仿水泥系統板材，桌上方的電源則挑選黃
銅面板插座，詮釋冷冽粗獷與復古質感的搭配交融。

107

圖片提供 © 豐聚室內裝修設計

108

圖片提供 © 豐聚室內裝修設計

107 + 108

隱藏式梳妝檯，讓臥房簡潔有條理

設計師將主臥量身訂製複合式傢具，界於寢區與更衣間之間，將鏡子、收納等梳妝檯功能隱藏在平滑桌面下，平常只要拉開就能輕鬆使用；面向睡床的一側則規劃實用的開放式收納層架。

■ 材質使用 桌面採用觸感分明的橡木鋼刷木皮，營造臥房自然溫暖的氛圍。

109

圖片提供 © 禾光室內裝修設計

110

圖片提供 © 禾光室內裝修設計

109+110

櫥櫃分列兩側保住自然採光

為規劃女主人希望的獨立更衣間設計，先以鏡面拉門隔開更衣間與臥寢區，考量更衣間空間足夠，故再區分出臨窗的化妝區與複合式櫥櫃。其中分列二側的儲櫃能避免陽光受到櫃體阻擋，而窗台下則只以斗櫃作收納設計。

↗ 施工細節 雙排櫃除了有包包與收納盒專屬的層板區，同時考量屋主習慣依長大衣及短外套作分區收納，私密物品或較瑣碎的雜物則放置斗櫃收藏，讓所有物品都可定位。

圖片提供 © 摩登雅舍室內裝修

112

圖片提供 © 森境 + 王俊宏室內設計

111

實現女孩心中的夢幻更衣間

75 坪的大器豪邸,在主臥內配置獨立更衣間與衛浴。格局寬敞的更衣間以開放式設計,包括層板、吊衣桿與抽屜,讓衣物、飾品、包包分門別類、一目瞭然。左側吊桿設計兩種不同高度,能吊掛長版的洋裝與短版外套。

⊙ 五金選用 滑軌式全身鏡,方便更衣、試裝、搭配。大格的層櫃除了放得下較厚重的衣物之外,也擺得下各式包包名品。

112

單一牆面就能整合多面向機能

只有 8 坪大的空間,設計師讓瑣碎的收納機能與視聽設備管線完全隱身於木質門片之後,且整合了衣櫃、小冰箱、水槽、專業影音設備等,並搭配可移動式電視架來提高櫃體的使用靈活度。**■ 材質使用** 門板採以鋼刷木材及深黑鐵件元素,木質紋理則以人字斜紋拼貼與櫃體線條的寬窄拿捏,讓空間有低調而豐富的紋理變化感。**⊙ 五金選用** 電視結合滑軌五金固定牆面再依附櫃門上下緣加強穩定,讓電視能夠左右平移,也不影響櫃子門片開關。

113

圖片提供 © 構設計

114

圖片提供 © 寓子設計

115

圖片提供 © 甘納空間設計

113

場域重疊讓坪效瞬間倍增

10 坪大的空間得供一家三口的生活。設計師在客廳與主臥作了大量場域重疊的安排，臥房側邊以透明玻璃拉門隔出孩子的獨立空間，地坪架高可作收納，上方亦有大量收納空間；主臥衣櫃則以雙面機能作設計，另一面為電視櫃，讓每寸空間都發揮最大坪效。 ⊙ **尺寸拿捏** 小孩房地坪架高 30 公分，成為書籍雜物的收納空間，室內高度扣掉上下櫃體仍有 180 公分，減輕空間壓迫。

114

「大樹」裡隱藏的秘密

松木合板的床頭背牆，造型像森林小屋的斜屋頂，與之呼應的，是床右側如同大樹般的落地櫃，下方為三層抽屜，上方門片打開後則是隱藏式的化妝檯。松木合板櫃體從腰際處橫向延伸出一片桌板，作為看書、打電腦的簡易工作桌。

■ **材質使用** 桌板上方的天花，裝設了一根倒ㄇ字型的鋁色鐵件橫桿，可吊掛常用的衣物或飾品。

115

化妝檯隱身衣櫃讓凌亂看不見

主臥中配置了 4 組構成的大面衣櫃，除了能收納夫妻倆的衣服外，其中最右側門片打開後更是女主人的化妝檯、開放層架則收納包包；左側下方抽屜可以擺放保養品與彩妝用品，滿足衣物與飾品收納多元需求。

↗ **施工細節** 衣櫃門片上看似裝飾意味濃厚的長形、方形、圓形造型，讓單調櫃體能更有趣的的呈現，而把手也是衣架，兼具實用功能。

圖片提供 © 齊禾設計

圖片提供 © 齊禾設計

116+117

用衣櫃劃設開放更衣間型態

將原本光線不足、隔間擁擠的 16 坪老屋重新整頓，在坪數有限的情況下，善用客廳與衛浴之間設置衣櫃量體，沐浴後拿取衣物動線更為流暢，也能保有臥房的寬敞舒適，衣櫃側邊則可收納衛生紙等生活雜物。

 材質使用 選用淺色木紋系統櫃體與整體白色為主調的空間相互呼應，創造明亮舒心的居家氛圍。

圖片提供 © 合砌設計

118

吊櫃、玻璃層板圍塑收納領域

兩房兩廳的新成屋格局未大幅更動,將其中一房規劃為書房,利用樑下空間打造懸吊書櫃,一側以玻璃材質做層板架,視覺上更為輕盈,也能避免全然的封閉櫃體造成壓迫。 **尺寸拿捏** 懸吊書櫃、玻璃層架因應人樑發展出約 35 公分左右深度,櫃內可擺放較為凌亂的物件,讓空間保持整齊。

119

深色玻璃配窗花的收納櫃

做為可當書房、起居室與遊戲室的多功能空間,儲存的可能會是書籍、紀念品或雜物,設計師在防潮塑合板櫃的正面做了實木烤漆玻璃窗花,深色玻璃讓裡面的物件不易被看見,也成為米色與灰白色系中的視覺亮點。 **施工細節** 因為展示櫃裡所裝的內容物面向多元,所以隔間層板設計為可拆式,讓置物空間的高度能靈活調整。

圖片提供 © 庵設計

圖片提供 © 采荷設計　　　　　　　圖片提供 © 采荷設計

120＋121

櫃體使用明亮色系放大小坪數空間

室內僅 8 坪的狹小空間收納有限，利用挑高樓中樓的樓梯踏階下方做出大而深的抽屜，可容納不少雜物。搭配連接的窗邊臥榻，下方也有收納抽屜，兩邊的收納抽屜成九十度角，兼具實用與便利。

 材質使用 搭配樓梯下方文化石與木格窗戶，臥榻與踏階抽屜皆使用原木染白，讓坪數不大的空間呈現明亮感。

122

圖片提供@界陽 & 大司室內設計

123

圖片提供@界陽 & 大司室內設計

122+123

百變交誼，設備通通藏起來

無論是書房、客房還是交誼麻將廳，都在此處一應俱全。雙活動床的中間保留開放式的置物空間與多處插孔，功能形同床頭櫃；隱藏壁面上方的收納空間提供臥具擺放，視覺舒適、清掃也十分方便。

🔍尺寸拿捏 屋主的麻將桌、椅子、茶几、麻將牌尺等，通通量身訂做妥善擺放在右方黑色大型儲藏櫃中。

圖片提供 © 合砌設計

125

圖片提供 ©FUGE 馥閣設計

124

適度留白、懸空創造輕量視感

位於獨棟透天住宅的三樓,主要規劃為書房、遊戲室。衡量空間為斜屋頂的結構,櫃體特意採懸空、局部留白的手法打造,降低量體的壓迫感,底牆則延續廳區的仿清水模基調,貫穿現代簡約主軸。

■ 材質使用 開放格櫃底部貼飾灰鏡,有延伸空間的作用,也藉由反射特性帶出展示物品的質感,門片部分則運用實木貼皮,烘托溫暖氛圍。

125

吊掛厚重衣物,棉質衣物放抽屜

衣櫃內一般都有吊桿與抽屜櫃,厚重衣物建議以吊桿收納,讓體積收為最小,取放也順手;而棉質衣物如 T-shirt、襪子、內衣褲等則不適合吊掛,折疊整齊放入抽屜櫃內最省空間,另外拉門門片設計會讓衣物拿取相對便利。

☀ 燈光安排 門片一開即亮燈的自動 LED 光源,即使不開燈也能完美搭配衣物,讓穿衣更美學。**🔍 尺寸拿捏** 左右邊吊掛不同高度,一邊收納襯衫約 100 公分,一邊則收納長大衣等厚重衣物。

圖片提供 © 福研設計

圖片提供 © 知域設計有限公司

126

衣櫃內暗藏電視，放大櫃體機能

滿足屋主平時愛追劇的需要，空間有限的臥房也不能少了電視的收納，於是將衣櫃內設有電視機的吊掛機能，並預設了電線管路的空間，能將所有設備收整乾淨，平移式拉門則能隨時關閉，不看電視時就能保有立面空間的純淨。

✎ 施工細節 事先算好電視機型的最大寬度與厚薄，再設計能將電視機嵌入的衣櫃，賦予衣櫃在收納衣物外的新機能。

127

從橫樑下衍生的床頭櫃設計

臥鋪對側已有一個大面衣櫃，為了提供屋主其他生活物品的擺放區域，便規劃了一面床頭櫃，一來修飾樑，二來增加坪數效益。而床頭櫃中間區塊設計為鏤空形式，用來擺放屋主的生活蒐藏，替空間增添些許品味。

🔍 尺寸拿捏 由於是沿橫樑而生的櫃體，其深度約 30 公分，還是能夠讓屋主用來收納換季被品、小家電等。

128

圖片提供 © 懷特室內設計

129

圖片提供 © 蟲點子設計

128

採用懸空櫃體，放大空間穿透感

走進主臥，入口處左側規劃為男女主人共同使用的更衣間，鄰走道處的櫃體採懸空設計搭配間接燈光，讓空間保有穿透延伸的放大感，另一側則設有拉門，俐落的線條讓立面裝飾展現舒適感受。

○ 五金選用 更衣間內配置旋轉拉籃五金，讓轉角櫃體使用無死角，其它則以吊桿、開放層架為主，提供彈性的收納。

129

切割無用空間讓收納有效利用

主臥電視牆後的更衣間，原是一間小房間，在確認需求之後與動線考量將格局重製，並增加櫃體，房間一半作為更衣間，一半則挪至外面的起居室，讓空間得到最大的運用。

↗ 施工細節 更衣間內下層系統櫃結合木作，且因屋主大部分衣物習慣吊掛收納，選鐵件除了支撐力較夠，也流露工業風色彩。

130

圖片提供 © 福研設計

130+131
多角度旋轉櫃體，滿足空間需求

一對夫妻加三個小孩的多人成員共用客、餐、書房空間，設計師提升了櫃體機能、減少走道使用，特別將電視櫃體附帶了特製的旋轉機能，設置於餐廳與客廳中間，不僅能滿足兩邊需要，就連側邊孩童臥榻區也能有電視可看。

🔍 **尺寸拿捏** 電視櫃側邊取 30 公分深開放式層架，背面也做了框型層板，用於順手擺放物件。

131

圖片提供 © 福研設計

圖片提供 © 頑渼設計

132

運用櫃體打造白色書房

透過百葉窗的線條梳理，讓空氣中滿溢著透光感，也凸顯空間本身的採光優勢；接著，再運用複合式設計的白色格子櫃以及淺色木地板，交織鋪成輕淺色調的陽光書房。

✎ 造型設計 占滿全牆的白色格子櫃，造型上雖不複雜，但二側以等高不等寬的櫃體設計，營造出整齊、又有變化的畫面。

133

進退立面、跳色處理創造律動感

用餐區也是親子共讀、互動的自由書房，整座櫃體以強化幾何堆疊層次的背景，俐落無把手的櫃門不規則錯落，形成進退面有韻律感的視覺效果，同時提供屋主可藏瑣碎雜物的櫃格。而壁櫃中央容納魚缸的方格中，設計師加了一道斜槓，打破整體矩陣定向的穩定感，也讓這一空格像一幢斜頂房屋的簡約縮影，成就一方活潑趣味。

■ 材質使用 潔白的櫃體之中加入綠松石色為跳色點綴，讓立面更有層次。

圖片提供 © 游雅清空間設計

134

圖片提供 © 寓子設計

135

圖片提供 © 寓子設計

136

圖片提供 © 寓子設計

137

圖片提供 © 齊禾設計

134＋135＋136

轉角櫃方塊開孔的組合趣味

三片鋁框噴砂的霧面玻璃拉門，門片可完全收藏至書房右側牆內，讓全室視野更開闊。單寧藍木作轉角櫃，右側延伸出層板，成為屋主所飼養貓咪平日穿梭、鑽洞的遊戲區與跳台。書桌靠窗台處則規劃了臥榻與白色鐵件書櫃層架，成為家中舒適的閱讀角落。

尺寸拿捏 藍色轉角櫃以大小的方塊開孔組合出趣味變化，開孔尺寸針對不同類型書籍高度打造。

137

水泥粉光襯底，突顯自然調性

以90公分高隔屏為劃分的開放式書房，沿著牆面規劃開放書櫃，染黑木皮板做為主結構再搭配胡桃木拉出橫向層板，最底層的木質門片處為抽屜式設計，便於拿取。

材質使用 開放書櫃背景刷飾水泥塗料，回應屋主對於仿舊、樸實質感的喜愛。

138

139

圖片提供 © 摩登雅舍室內裝修　　圖片提供 © 摩登雅舍室內裝修

140

138＋139＋140

沐浴在南歐異國風情調

外部是西班牙常見的黃色壁面、手感磚石，內部壁面則是花磚拼貼，讓衛浴區洋溢著濃濃的南歐地中海異國風味。特別將盥洗台獨立於中央，搭配層板、抽屜、門櫃收納毛巾與衛浴備品，左右動線則可分別通往廁所與淋浴間。

↗ 施工細節 衛浴圓拱型磚石門框入口，像是古堡也像是歐洲酒窖，若將木板門關起，則能將衛浴像是櫃體般整座收圍關閉。

圖片提供 © 摩登雅舍室內裝修

141

衛浴收納也能具裝飾又不失隱蔽

衛浴洗手台下方的收納櫃，實木手染上色的湖水藍，與地板、牆柱同一色調，櫃體以格紋窗花加玻璃，具裝飾性和隱蔽性，另外在櫃子底部做柵欄式，可達到除濕通風的效果。**■ 材質使用** 配合衛浴常需要洗刷地面，實木收納櫃不全然底部接觸地面，而是採用金屬角架做支撐，達到防潮效果。

142

懸吊鏡櫃維持空氣對流

將老舊格局重新規劃，衛浴空間擴大規劃為乾濕分離，並以大尺度浴櫃、檯面設計，營造如飯店般的質感，而鏡櫃以懸吊方式打造，保有後方窗戶的對流，不論浴櫃、鏡櫃皆採取滑門形式，省空間也好用。

■ 材質使用 櫃體使用耐刮、抗潮的美耐板，檯面則是人造石，易於保養維護。

圖片提供 © 敘研設計　　　　　　　　　圖片提供 © 敘研設計

143+144

隱藏式手把讓櫃體三面使用

廚房中島旁的頂天置物櫃雖然體積不大，但考量料理者與家人皆有使用的需求，
因此在單一空間中設計了適於三個面向皆可開啟的電器置物櫃，針對不同使用者
產生的收納需求作一次性的滿足。

 施工細節 面對餐廳方向的櫃門採用隱形門設計，讓櫃門櫃身合為一體，沒有把手
或其他線條破壞視覺上的整體感。

145

圖片提供 © 懷特室內設計

145+146

異材質並列的櫃體之美

玄關與書房空間相鄰，在同一平面上以一字型櫃體排列，透過不同材質賦予櫃體不同機能屬性。自然木紋板材為玄關鞋櫃，腰部結合鐵網打造櫃體的透氣孔，中央採用圓管鐵件作為門片把手，鐵管把手並延伸至右側，與雙層書櫃鐵架結合，將不同材質的櫃體完美融合。

⁄ 施工細節 考量空間深度，將書櫃做成雙層式，前面第一層為附輪子的移動式書架，能容納更多書籍、提高坪效。

■ 材質使用 雙層書架為鐵件材質，背板為美耐板，底座則為木作烤漆。

146

圖片提供 © 懷特室內設計

圖片提供 © 齊禾設計

圖片提供 © 齊禾設計

圖片提供 © 奇逸設計

147

反差色調製造層次與獨特性

挑高 3 米 6 的小宅，收納機能仍是屋主最在意的需求，利用高度優勢規劃一面複合性櫃牆，並巧妙讓電視懸掛於滑動門片上，如此一來，後方的櫃體深度仍可被使用到，右側開放櫃體則作為餐廚區的收納使用，落地鏡面為鞋櫃，兼具穿衣鏡功能。

■ **材質使用** 選用綠色噴漆搭配深色胡桃木波麗板，以色彩反差帶出獨特感。

✎ **施工細節** 延長 cable 與電源線設計，方便門片左右移動使用。

148

清爽櫃體整合玄關與餐櫃收納

與玄關串聯的餐廳區域，左側上、下櫃主要提供入門後的置物使用，抽屜可收納鑰匙，往右延伸的櫃體則是餐具櫃，平台可直接擺放小家電，使用更便利，而最右側的櫃體下方更隱藏紅酒櫃，將收納機能發揮極致。

■ **材質使用** 櫃體以白色噴漆處理，與白色文化石牆作為呼應，也讓空間清爽開闊。

149

線板裝飾勾勒英式氛圍

以英式氛圍發展的男主人書房，因應使用者有收集漫畫與公仔模型的嗜好，書櫃選用灰色噴漆且帶有一點簡單線板的裝飾，滿足大量漫畫收納，右鐵件打造開放式展示櫃，則是可收藏公仔模型。

■ **材質使用** 書櫃以灰色噴漆、線板勾勒而成，局部立面則利用鋁製壓板噴黑處理，讓櫃體與牆面融合成獨特的立面牆。

150

圖片提供 © 齊禾設計

151

圖片提供 © 齊禾設計

150+151

鮮明木紋與色彩打造森林小屋

座落於北投、丹鳳山腳下的房子，以森林小屋概念為發想，電視櫃選用直紋、山形紋搭配的胡桃木，回應自然環境，櫃體右下方嵌入仿真的電暖壁爐，增添暖意；除此之外，背牆刷飾深綠色與火山泥等色系鋪陳，形塑自然寧靜的氛圍。

🔍 **尺寸拿捏** 櫃體深度約 40 公分，懸掛電視的部分為可開啟的門片，內部同樣具有收納，以及隱藏線路，方便日後維修。

CHAPTER 2 展示概念篇

圖片提供 © 十一日晴空間設計

圖片提供 © 樂創空間設計

152
現成傢俱展示櫃帶出空間美型設計

展示櫃體可依需求選擇尺寸，假如只是單純的展示櫃，展示櫃深度 30 公分就夠用；另外，為了方便拿取物品，建議內部層板的高度要比展示品高個 4 ～ 5 公分左右，若使用層板，兩側的櫃板可打洞，方便隨時變換高度。

153
展示櫃的照明由收藏物件決定

建議若擺放的物品是瓷器，則可以選擇從上方打光，讓瓷器的細緻度從上到下都看得見。若是琉璃，燈光最好從後面打亮，可突顯琉璃色澤；如果是公仔雕塑品，則建議將邊框的四周打亮，好突顯出公仔的細部質感。

精美的藝術品、旅行的紀念品、尺寸不一的書籍和公仔……運用櫃體當舞台,將生活的精彩物件展示於空間裡,並形塑美好的生活氛圍。可藉由現成傢具展示櫃,適當的尺寸拿捏,達成多元的收納巧思和表現;也可透過櫃體的照明表現、邊框的比例巧思與材質使用,增加居家展示物品的細緻質感。

圖片提供 © 一它設計

圖片提供 © 懷特室內設計

154

從收藏物件拿捏櫃體的邊框比例

不同的蒐藏品對於邊框都有一定的比例,像是陶瓷、花器與邊框的距離就不能拉太近,否則看不出氣質與美感;而像公仔等雕塑品,在邊框的設計上則可以選擇長方形,這樣不論大或小的公仔都不會被侷限住。

155

鋼製層板要用焊接或植筋固定

鋼製層板的厚度薄,要用焊接方式固定,因此較適合施作於磚造隔間和 RC 牆。如果牆面為輕鋼架隔間,在立骨材時要先做橫向結構的加強,再焊接層板固定,才能牢靠穩固。或將鐵件以十字與 L、T字型錯落排列,在原有的 RC 牆內先鎖上固定底座,並以柚木皮完整包覆再將層架鐵片裝上。

圖片提供 © 甘納空間設計

圖片提供 ©FUGE 馥閣設計

圖片提供 ©LoqStudio・珞石設計工作室

156

深藍展示書櫃兼具玄關收納

屋主的藏書眾多，且希望能在玄關處設置外出的衣帽櫃，因此設計師將客廳深藍色的展示主牆，藉由開放與門片的結合來表述櫃體形式，提供多元的收納巧思。左半部分為開放式書櫃收納，而右半靠玄關側則運用木作門面收整玄關雜物與外出衣物。

🔍 **尺寸拿捏** 櫃體隔板等分距離，而收納統一在右邊，另外門片處則稍微退縮 2 公分。

157

展示與門片並濟讓櫃體滿足需求

玄關入口處以格柵鞋櫃打造落塵區，除了避開風水煞氣外也讓進入動線有所緩衝，好讓心情有所轉換；鞋櫃後方則為多功能區，因應屋主大量收納的需求，因此後方設置一排展示與門片兼具的收納櫃，臥榻坐墊下方也設計收納機能。

🔍 **尺寸拿捏** 收納櫃1／3部分為展示開放，其餘則為門片收納，單獨的開放格讓櫃體更加生動有趣。

158

讓生活蒐藏形成獨特的展示藝術

為了能在環境之中創造獨特端景，設計師利用雜誌架、網架勾勒出展示櫃體，一部分放置屋主個人的雜誌蒐藏，另一部分則掛滿帽子、帆布包等，讓生活物品形成獨特的展示藝術，也巧妙地讓環境更有主題性。

■ **材質使用** 一部分使用的是雜誌架結合OSB 板材，另一部分則以網架材質為主，與工業風格相呼應。🔍 **尺寸拿捏** 整體展示架的高度為 2 米，尺度足夠收納一定數量物品，整體也不會顯得過於壓迫。

159

圖片提供 © 維度空間設計

159+160
半穿透展示間呈現大器工業氛圍

屋主喜歡具個性化的工業感風格，設計師在大空間中融入了屋主的興趣與收藏，入口玄關與客廳間規劃半穿透展示間，中央處陳列女主人的演奏鋼琴，L型的展示櫃則展示男主人的各類模型收藏，下層放置樂譜與其他雜物。

■材質使用 櫃體以木材、鐵件等元素做鋪陳，層架上各式陳列帶出質感，讓此區成為既能展示又便於收納的場域。

160

圖片提供 © 維度空間設計

圖片提供@新澄室內裝修工作室

圖片提供◎森境＋王俊宏室內設計

161

玄關展示櫃，三室共用超方便

趣味輕巧的玄關櫃，擺放位置恰巧座落
於玄關盡頭，與餐廳、客廳的三角交叉
處。因此，櫃體的設計更多元，有展示
用的層架、置書空間，也有擺放帳單、
發票、雜物的抽屜。 同時是
玄關櫃也是客、餐廳的展示櫃，因此量體
的比例較一般的玄關櫃來得大，展示層架
的分隔也相對多元。

162

靜心閱覽玄關端景

玄關左右兩側，以側邊矮櫃、活動抽屜、
落地櫃等不同形式櫃體，滿足入門後放
置鑰匙、衣物、包包、鞋子的各樣收納
需求。窗旁留置了一處展示用的玄關端
景台，可擺放雕塑或花藝，為空間挹注
細膩美感。

■ 材質使用 收納櫃與端景展示櫃，純白木
作與深色鐵件，不同的色彩與材質，創造
出明暗、濃淡對比，讓視覺更富變化。

163

164

圖片提供 © 森境＋王俊宏室內設計

163＋164

造型櫃擁多重機能，匯聚空間動線開端

偌大電視牆兼玄關櫃，兼具空間區隔與展示收納機能，同時也是進入主空間的動線匯集處，靠近天花板的開放式展示收納延伸至右側泡茶區，將屋主收藏品收整在牆面中，也成為廊道的端景。

■ 材質使用 延續現代風格設計語彙，採烤漆鐵件及木作形構俐落簡約的櫃體造型，以白色為基調恰如其份的映襯空間背景。

165

散發復古美感的格狀展示櫃

餐櫃在實用之餘，也可以很有美感。作為展示杯子、收納書籍的收納櫃，以木作噴黑做出格狀門框，帶出造型的獨特性，加上門片特意選搭清玻璃、長虹玻璃交錯搭配。

✎ 施工細節 櫃體內不忘貼皮細節，讓整個收納櫃質感、精緻度大為提升。

165

圖片提供 © 森境＋王俊宏室內設計

圖片提供 © 甘納空間設計

166

圖片提供 © 甘納空間設計

166

展示櫃牆，多元收納讓小宅好寬敞

坪數較小該如何在機能與空間之間取得
平衡，開放式廳區置入一整面展示櫃牆
設計，包含玄關鞋櫃、儲物櫃、電視主
牆、書櫃，透過整合概念，釋放出簡約
且俐落的空間感。電視牆下方的懸空設
計除了讓櫃體輕盈之外，也是收納玩具
箱的好去處。

■ 材質使用 櫃體以白色烤漆搭配胡桃木皮
做對比呈現，讓量體更有層次與變化性。

167

收納牆面的機能再強化

一整面白色櫃子從玄關處開始延伸，在
餐桌後方形成一整片收納牆面，收納空
間十分足夠。中間則以展示收納的帶狀
空間點綴，讓上下櫃子中間具有區隔感，
且增加放置展示品的收納空間。

↗ 施工細節 餐桌後方的白色收納櫃，可收
納廚房桌巾、新的碗盤等物品，也可補齊
客廳不夠的收納空間。

168

玄關端景牆滿足屋主蒐藏喜好

利用玄關區內的牆面與空間，砌了一道端景牆，同時也兼具展示收納櫃之用。牆面不單只是牆面，還多了置物與展示功能，可將自己的蒐藏喜好展示出來，也讓小環境裡多了一處製造視覺焦點的設計。

■ 材質使用 刻意在櫃體的門片中貼了木皮，在全為純白的同色系中創造出對比視覺感。**⌁ 施工細節** 櫃體除了作為展示櫃也有的則是結合抽屜形式，讓使用功能能夠更多元。

圖片提供 © 工一設計

圖片提供 © 思維設計

圖片提供 © 蟲點子設計

169

透光開放櫃展現量體層次

書房內的電視牆背面已有儲藏收納功能，因此另一面櫃體以開放展示為主。開放櫃採立柱方式呈現，並獨立於背牆，後方施有燈光，由客廳透過玻璃門片望進來層次分明，櫃體下方以仿黑色石材的薄型磁磚架高檯度，維持設計美感也較不易沾染灰塵。

■ 材質使用 玻璃立柱與木作櫃體交錯展現層次，櫃體下方架高並鋪陳仿黑色石材的薄型磁磚。

170

多層板造型讓展示書櫃感受輕盈

客廳、書房之間使用玻璃隔間予以獨立並保留視線交流，而展示書櫃設計則呼應客廳電視牆，黑鐵與木質櫃體穿插，為了保持壁面乾淨而避免過多門片櫃體，設計師運用多層板造型，以透出白色牆面讓量體視覺輕盈。

■ 材質使用 鐵件搭配木作貼皮讓剛硬中帶有溫暖，而天花板則以 LED 嵌燈形塑空間亮度。

171

多重材質層板展示櫃體的實虛空間

來自香港的男主人期待在台灣的新家能給孩子更大的彈性遊戲區，因次在客廳後方打造多功能和室，展示牆面在下方收整鋼琴並運用實虛交錯的設計，讓收納得以靈活運用，此外，萬向門設計則保留了格局最大的彈性和開放感，也兼顧了使用時所需的獨立隱私。

■ 材質使用 展示櫃中使用鐵件、玻璃與木頭層板錯落使用讓空間顯得有型。

172

圖片提供 © 摩登雅舍室內裝修

172+173

搭配列柱讓線條比例更勻稱

空間中挑高天花以不同深淺層次的格狀分割，化解原有樑柱的壓迫感。書桌後方的機能展示櫃，層板框架有如歐洲建築的拱門窗，搭配兩座仿羅馬式列柱的黑色柱體，讓整個櫃體線條比例更勻稱細膩。

■ 材質使用 展示櫃的上方層板與下方收納櫃，選用深木色增添穩重質感，櫃體門片上則局部採用古銅金線條裝飾。

173

圖片提供 © 摩登雅舍室內裝修

174

圖片提供 © 優士盟整合設計

175

圖片提供 © 豐聚室內設計

174

長短參差設計，創造櫃體底蘊

緊鄰客廳的沙發後方，規劃為一休閒閱讀、待客飲茶的區域，呼應空間中低調奢華的工業風，設計師在牆面參差嵌入木作層板與鐵件，水泥粉光牆面透著純粹的底蘊，加上局部投射照明，完美展示典雅樸拙的生活況味。

■材質使用 煙燻梧桐木鋼刷木材質自然色，與經典紅沙發搭配相得益彰，加上 H 型鋼與仿水泥粉光漆底牆，讓 Loft 也能呈現出精品奢華的細緻感。

175

低調奢華的玻璃透光展示櫃

水泥質感塗料牆面與全玻璃透光的精品傢具櫃，加工藏光，透過光的暈染，把玻璃透光的展示藝品帶出精緻高質感，水泥的原味引動人文內斂的品味。

☀燈光安排 將全透明的玻璃精品櫃加工置入光源，與後方的質樸內斂的水泥牆面形成低調奢華又帶有人文品味的陳列。

176

石材層板耐用且創造層次

餐桌、中島吧檯至書房呈現開放通透的視覺畫面，複合櫃體也成為廳區的端景之一，於是利用鐵件搭配卡拉拉白大理石層架的開放櫃體形式，設定為擺放書籍、傢飾與收藏使用，展現生活感氛圍。

■材質使用 由於木紋質感在此空間的比例較高，展示櫃體層板透過材質的轉換，以石材的呈現帶出層次感。

176

圖片提供 © 奇逸設計

177

弧形展示牆讓空間充滿異國風情

年輕女屋主擁有大量絨毛娃娃的收藏，且偏愛歐式浪漫風格，設計師參考義大利、法國常見的扇形窗，以木材、玻璃鐵及與仿古紅磚設計了弧形展式背牆，並加上嵌燈作為照明，讓客廳場域中展現濃厚的異國情懷。

■ 材質使用 呼應木材、玻璃、鐵件和仿古紅磚的調性，展示背牆以清水模水泥灰壁為主體，自然樸拙的氣質，不論排滿收藏品或留白都能有型。

177

圖片提供 © 維度空間設計

圖片提供 © 十一日晴空間設計

圖片提供 © 采荷設計

圖片提供 © 伊太設計

178

現成傢具展示櫃帶出空間美型設計

女主人有不少生活蒐藏，因此在規劃客廳時，便利用客廳一隅作為展示設計，搭配現成傢具櫃體，擺滿各式藏品。由於櫃體上方吊掛了畫作，特別在天花板處增設投射燈，點亮後除走聚焦效果，氛圍也能很不同。

🔍 **尺寸拿捏** 展示櫃體可依需求選擇尺寸，此配置總寬度為 396 公分、深度 30 公分，擺放蒐藏小物很剛好。

179

畸零地的櫃體不僅收納也妝點角落

客廳左上方有塊凸出的畸零地，設計師先運用歐式壁爐手法打造電視櫃的展示與收納空間，並以三根實木修飾延伸至畸零空間，置入活動展示收納櫃，且搭配牆上畫作，讓小角落自成一方天地。

■ **材質使用** 電視櫃運用實木刷白營造復古感，與地磚、牆壁產生整體性；畸零空間的收納櫃則刷上柔美的粉紫色，成為視覺亮點。

180

櫥窗式櫃體圍塑餐廳完整性

屋主有品酒雅好與酒櫃需求，為此在餐廳以玻璃櫃搭配燈光設計一座精緻酒櫃，並藉以確立餐桌軸位；另一側則以精緻工藝設計一座懸浮式雙面櫃體，在餐廳面為鐵件展示櫃，客廳面則是石材，以雙向櫥窗感圍塑餐廳氛圍。

■ **材質使用** 與客廳相鄰的吊櫃與下方框型櫃以鐵件展現輕薄、穿透視覺，裝飾以柴木可為客、餐廳營造休閒溫暖氛圍。

181

181

材質與結構串聯的開放式美感

低彩度灰質感的空心磚背牆、水泥管鐵件與懸吊式木層板，開放式櫃體不採側面包覆，展現出結構性的美感；另外，木層板的溫暖溫潤、鐵件的粗曠以及背牆的質樸，表達材質間的互動。

材質使用 粗曠鐵件與溫潤木質形成對比，再以灰階背牆植入自然休閒的風韻。空心磚背牆已預藏鐵件鋪入，增加其負重的實用機能。

182

書牆化身客廳區裝飾主角

原本陰暗的次臥讓給客廳使用，讓整個光線更為通透，並省去一向為空間要角的電視牆，藉由量身訂製打造懸吊書櫃，讓男主人多年藏書做為裝飾主角，局部加上門片，亦可收納屬於客廳區的瑣碎生活小物，也成就了麻雀雖小卻實用的收納機能。

↗ 施工細節 櫃體分成三組，每組四個邊角做加強固定，可強化櫃體的結構性，提升承重性。

183+184

創造氣圍，我家就是圖書館

母親希望孩子從小養成多讀書、少看電視的好習慣，特別將電視牆的位置打造成公有圖書館的概念，收納櫃、展示架，還有整面的大型塗鴉門，營造優質讀書遊戲的環境。

↗ 施工細節 考量小孩讀書、遊戲、塗鴉的多重習慣，整個書牆有展示型、上掀型、隱蔽型的多重收納空間，還有大型鋼烤滑門兼塗鴉牆。

182

圖片提供 © 一葉藍朵設計家飾所

圖片提供@樂創空間設計

圖片提供@樂創空間設計

圖片提供 ©FUGE 馥閣設計

圖片提供 © 摩登雅舍室內裝修

圖片提供 © 懷特室內設計

185

成就客廳大型展示品的鐵件與木作櫃

位於客廳的大型收納櫃，為了讓其不顯呆板且具有設計感，上下離地的懸空設計與白色櫃體讓龐大櫃體擺脫笨重感，中間以鐵件做不規則層板放上擺設品，使收納與展示有了完美結合，也讓整體成為客廳的藝術品。

⊕ 尺寸拿捏 內部收納以活動層板區隔，可自由依收放物品作調整，並建議櫃體深度約為 60 公分能達到最佳的收納效果。

186

圓弧柔美的轉角牆櫃

客廳背牆擁大面開窗，百葉窗簾能調節日光。善用沙發後的窗框位置，以木材質打造出窗景展示小平台；客廳側邊牆面轉角則採圓弧造型設計，上方挖出兩個內凹端景台，擺放屋主旅遊收藏。

↗ 施工細節 圓弧的轉角牆，下方有個圓拱門造型的小小祕密基地，這是特別設計讓家中毛小孩可以窩著休息的小天地。

187

讓收納更有彈性的雙層櫃體

以工業風格為基調的住宅空間，因應屋主收納需求，於沙發後方規劃一座可移動式雙層櫃，下方加入四個大抽屜收納雜物，上方則做為蒐藏展示與書籍擺放位置。

○ 五金選用 後排櫃體利用軌道設計，便利物品的收納及拿取，有效增加其使用彈性。

圖片提供 © 奇逸設計

189

圖片提供 © 森境＋王俊宏室內設計

188

鍍鈦五金、吸鐵扣讓櫃體簡潔俐落

擁有眾多公仔收藏的屋主，期待在專屬空間內能擁有一面展示櫃，設計師以玻璃材質打造通透櫃體，底部延續天花的鋁製壓板噴黑為襯底，加上櫃內層板底部藏設燈光照明，更為突顯收藏的質感與特色。

◎ 五金選用 玻璃五金特別做鍍鈦處理，加上使用吸鐵扣巧妙隱藏在橫向層板內，讓櫃體的視覺線條更為簡潔俐落。

189

石材展示櫃襯托如畫之境

挑高延伸的客廳空間，電視櫃體採用鐵件材質作防鏽處理，錯落分割的展示櫃體層板，收納大小藝品。電視背牆則為安格拉珍珠大理石，材質本身的天然石紋之美，搭配向上垂直延伸的線條感，展現空間大器風範。

■ 材質使用 電視櫃背牆為大理石材，右側則銜接鋼刷木作櫃體，木作櫃內為視聽電器收納功能。

➚ 施工細節 鐵件展示櫃體以內嵌方式處理，讓石材與木作立面更平整美觀。

190

圖片提供 © 十一日晴空間設計

191

圖片提供 © 十一日晴空間設計

190
中島加開放吊架展現自然生活感

因應需求在廚房中增加中島吧檯，為了能便於使用，設計者在上方處設置了一吊櫃，可用來擺放調味用品、餐具等，有秩序且不顯凌亂也呈現出自然的生活感。

🔍 尺寸拿捏 考量到承載問題，吊櫃未做得過大，長度約 165 公分、寬度約 50 公分。設計師也有留意中島檯面與吊櫃之間的距離，讓拿取更為順手。

191
完備展示櫃體滿足料理的渴望

屋主有不少餐具、杯盤，因此，設計師規劃不同屬性的展示櫃。上層封閉形式放較少用到、具紀念性的餐具藏品，下層開放式則放常使用的杯盤。另外，考量屋主有各式尺寸的的料理用具，下層抽屜櫃有三種尺寸設計，最上的淺層擺放刀叉，中層收餐盤與餐碗，最底部的深層則放置大型料理鍋具。

🔨 施工細節 考量環境的清潔問題與使用便利性，中間區塊以六角造型磚作為牆面材質，另外在層板下方嵌入照明。🔍 尺寸拿捏 櫃體總寬度約 291 公分、深度約 45 公分。下層抽屜依需求做不同尺寸的設計，由上至下，其高度分別為 21 公分、27 公分、36 公分。

圖片提供 © 甘納空間設計

193

圖片提供 © 甘納空間設計

194

圖片提供 © 構設計

192 + 193

展示櫃設計呼應居家三角哲學

餐桌後方與臥房外是迥然不同的收納櫃體，三角哲學為此案主軸，所有的櫃體設計都涵蓋三角的影子。臥房外的展示櫃陳列屋主收藏多年的公仔，後方以三角背板讓臥房空間若隱若現，而另一邊則為餐廳櫥櫃，以斜角作為把手設計並於鏤空處陳列咖啡機、杯具與茶包，讓空間展現層次。

■ 材質使用 櫥櫃使用灰色的光亮壁紙，令其對比公仔收藏不顯遜色。

194

用層板形塑展示櫃體的抒情氛圍

配合屋主喜愛的風格，設計師採輕工業風的元素，以灰色階搭配自然材質打造屬於屋主的一方天地，近大門入口處針對屋主收藏的樂器規劃懸掛空間，上方層板則作為展示收納，設計簡單且流露屬於個人的風雅氣質。

■ 材質使用 落地式文化石牆形塑出既粗獷卻又雅痞的韻味，磚石刻意以深淺錯落的方式打破制式，呈現自然背景。

195

圖片提供 © 豐聚設計

196

圖片提供 ©LoqStudio・珞石設計工作室

197

圖片提供©LogStudio．珞石設計工作室

圖片提供 © 伊太設計

195
木格柵櫃牆詮釋和風交誼廳

多功能和室是屋主最重視的交誼空間，為了擺設屋主的收藏，規劃大面積牆櫃搭配格柵拉門設計，閒靜的日式風格與傳統和室矮桌、榻榻米陳設相輔相成，格柵櫃體內搭配間接照明，隱約效果更添展示珍品的韻味。

↗ 施工細節 中島吧檯上方則以吊櫃設計，配置了可隨手取放的馬克杯架，除了增加使用的方便性，也成為展示收藏杯的焦點。

196
身兼多重功能的大面展示收納

開放式餐廳與閱讀區的對側銜接廚房，為了有最有用的收納功能，設計師在此區配置一寬約4米5、深度約40公分的大面收納櫃，一部分收納蒐藏品、書籍，一部分用來收放餐盤用品。考量使用需求，將中間區段做成封閉形式，透過抽屜放置其他重要物品。

⊕ 尺寸拿捏 設計使用：櫃體選擇不做落地形式，除了讓整體看起來輕盈，最底部的空間也能提供屋主使用。**☀ 燈光安排** 為了讓展示品更有聚焦效果，在天花板處搭配了投射燈，光一打下，能夠讓此區更具特色。

197
分層展示架，替小環境創造大機能

廚房空間不大，為了增添一些收納處，設計師利用洗手檯上方處，以層板並搭配角架五金創造出置物空間，上兩層可擺放杯盤餐具，底層則用來擺放調味用品。

■ 材質使用 考量層板承載與跨距問題，選以實木作為層板材質，並搭配染色處理，讓層板更具質感。**⊕ 尺寸拿捏** 檯面上空間有限，故有特別留意層板深度，上兩層深度約25～30公分、最底層深度約為10～15公分，可依需求擺放不同的廚房小物。

198
展示酒櫃轉移門片自成焦點

餐廳周邊常常伴隨有房間或衛浴等格局，為避免門片影響優雅環境，設計師除了選擇以無把手的隱藏式門片設計，更巧妙在一旁設計一座精美的複合式展示酒櫃，搭配燈光設計成功轉移焦點，讓賓客話題環繞展示的酒與精品上。

↗ 施工細節 與餐廳僅一牆之隔的左側大門區，有兼具鞋櫃與展示檯面的玄關櫃，同時以懸浮設計來減輕沉重感。

199

圖片提供 © 頑渼設計

200

圖片提供 © 頑渼設計

199+200
三代同堂的雙餐櫃各自美麗

由於是三代同堂的 60 坪大宅,因此在餐敘空間特別以正式餐桌與圓桌區來增加家人對話交流空間,同時二區也分別搭配有複合設計的木質和白色餐櫃,不僅展示屋主的餐具或收藏、紀念品,櫃體也讓桌區更具主題性與安定感。

🔖 **造型設計** 正式餐桌以白色門櫃搭配層板設計展現輕盈美感;而圓桌區則以對稱木質門櫃與展示櫃的造型,呈現更溫暖輕鬆色調。

201

圖片提供@樂創空間設計

202

圖片提供©摩登雅舍室內裝修

圖片提供©豐聚設計

201

展示書櫃，讓收納更顯輕鬆

出餐檯的左側為門片式的大型落地收納，右側為廚房入口與整片展示書櫃，讓書房與餐廚空間頗具一致性又各有功能。餐廚的大型落地收納得以擺放吸塵器等大型物件，開放式書房則是置入各類藝品、書籍與小型雜物。

🔍**尺寸拿捏** 以書櫃與出餐檯的位置分別為中心，將兩者一分為二，區分餐廳與開放式書房，相成一氣又不互不干擾。

202

田園氛圍的幸福居家

寬敞的餐廳採光極佳，藉由玻璃格門與外推陽台隔出裡外。一家人經常圍聚在餐桌旁，後方整排大型的機能展示櫃，可收納隨手圖書，也能擺放展示品或居家小物。

■**材質使用** 機能展示櫃背牆貼附菱形格紋碎花壁紙，搭配線板及黑色五金櫃體門把，襯托出質樸自然的鄉村風氛圍。

203

簡約元素架構東方文化茶櫃

由於是專為屋主興趣而規劃的品茗室，所有設計都環繞著屋主品味，優雅的東方庭園造景，映襯著改良式中式傢具；而牆面厚實木層板設計的大面展示牆，可將屋主珍藏的品茗壺、杯等茶具大方展示擺放。

■**材質使用** 為了彰顯茶具的形與美，嚴選以厚實木作層板外，底牆則挑選深灰色壁面來襯映不同色澤的壺杯，呈現低調美學。

圖片提供 © 德本迪室內設計

圖片提供 © 一它設計

204

鋼琴老師的黑白音符牆

屋主本身是鋼琴老師,用餐區的牆由五片鐵件層板加音符串連,搭配白色的牆面,猶如音旋上的五線譜一般,供其擺放 CD、療癒擺飾等,讓專業與生活融合一體。

尺寸拿捏 五片黑色鐵件層板,深度約莫 25 公分,與白牆做出五線譜,成為在家教鋼琴的屋主,擺放音樂相關與生活樂趣的展示空間。

205

櫃體也是家中的藝術建築體

年逾五十的屋主夫妻崇尚清爽簡約的生活,設計師選用大量水泥灰與原木色作為空間主調,客廳中的視覺核心──電視牆面則模擬清水模建築形體塑造,彷若大窗框的方形展示櫃同樣是屋主的回憶之窗,乘載著精年累月的回憶收藏。

材質使用 以清水模塗料上色而成的牆面不僅為電視牆,更為開放式展示櫃,當中以黑件作為層架材質,且與水泥質感相互呼應。

圖片提供 © 奇逸設計

圖片提供 © 甘納空間設計

206

穿透玻璃櫃擴展空間視野

介於客廳與餐廚之間的中島吧檯區，為了避免櫃體將連續壁面予以阻斷，展示櫃體特別選用玻璃材質打造而成，讓磚材得以延伸至玄關，擴大視野及空間感。而對應橫樑的軸線下，仿古鏡滑門底下則是隱藏實用的小家電櫃。

■材質使用 玻璃櫃體層板側面以鈦金屬材質包覆，內部並藏有 LED 光源，突顯整體的精緻度。

207

展示櫃下掀式五金，開啟替換更輕易

男主人喜愛收集玩具與公仔，如何收納與展示這些收藏是規劃重點。展示櫃根據公仔的種類、比例訂製不同的高度需求，搭配選擇清玻璃門片，讓公仔們免於灰塵的堆積，清潔上也更方便。

◆五金選用 設計師利用樑下結構打造公仔展示櫃，考量前端為餐廳、工作區，因此門片採取下掀式五金，要開啟替換也較順手實用。

208

圖片提供 ©FUGE 馥閣設計

209

圖片提供 ©FUGE 馥閣設計

208+209

特立凹槽層板讓櫃體更顯立體

床尾是一整排的衣櫃,加上臥房的寬度並不大,看起來會太過平板,因此設計師靠窗戶的衣櫃處設立凹槽架,架上的三層鐵件層板作為展示空間,除了放置擺飾品或是書籍,也讓空間視覺增添立體感。

🔍 尺寸拿捏 鐵件層板寬 50 公分,凹槽深度 35 公分,金銅色形塑了房內的別具個性。

210

更衣間展示幸福的穿搭情境

女屋主擁有大量服飾佩件與鞋包，因此設計了高收納量的更衣場域，設計師以木質調的現代風作為基底，柔和的光帶照明減低小空間的狹隘感，中島式櫃體不僅收納還能一目了然將細瑣飾物一一陳列，無形滿足了幸福美好的穿搭情境。

☀ 燈光安排 分解穿鞋、脫鞋的動線，設計師在櫃旁設計穿鞋椅，並以開放櫃格局讓鞋子好收整，並在天花設置照明能欣賞自己珍愛收藏。

圖片提供 ©LoqStudio · 珞石設計工作室

圖片提供 © 福研設計

211

開放式衣櫃，可一目了然進行穿搭與選配

獨立更衣間中配置開放式衣櫃，其上半部多為吊掛形式可用來擺放怕皺衣物，如襯衫、大衣等；下層則搭配訂製與活動式抽屜，可收放相關貼身衣物。另也在櫃體中規劃領結、墨鏡、皮鞋的擺放區，加上傾斜的層板設計，便於尋找與選配。

 **施工細節** 吊掛衣櫃特別加了正面（朝外）的角度設計，便於屋主穿著前，能先掛於此做完搭配後再穿上。 **尺寸拿捏** 在深度約 3 ～ 5 公分的展示層板中，搭配具傾斜 20 ～ 30 度角的底板，可一目了然找到領結與墨鏡外，也利於穿搭。

212+213

三種門片變化，櫃體展示多功能

兒童房的小空間中，除了針對小朋友方便活動的傢具尺寸，床頭則充分運用樑柱形成的空間作成扁型櫃體。近窗邊的部分帶有玻璃門片，展示屋主所收藏的汽車模型、近床頭上方區則為開放平台、下方封閉式櫃體方便收納雜貨。

材質使用 針對收藏展示、臨時置放與大型寢具置放的需要，透過門片材質的變化一次滿足，並形塑童心十足的風格。

213

圖片提供 © 福研設計

214

圖片提供 © 伊太設計

214
中島櫃讓收納思維立體化

走入更衣間內除了規劃有大量衣櫥門櫃，其間更設置一座獨立式中島櫥櫃，藉由玻璃檯面、抽屜及斗櫃等設計提供多元方式收納，同時更方便精品挑選、整燙衣物、以及摺衣……等。

⤴施工細節 中島上方空間也不浪費，規劃有等寬吊櫃增加收納性，並搭配燈光來增加亮度與精品感。

215

216

217

圖片提供 © 森境＋王俊宏室內設計

215+216

走進童話故事般的小屋想像

低彩度鋪陳的灰色樂土牆上，跳躍飽和的藍色細緻鐵架，勾勒出北歐童趣的三角小房。層板與抽屜上方皆可展示收藏小物，抽屜位置高度及腰，不用彎腰便能方便取物置物，下方預留插座，在不想久坐工作時也能站在這裡，把抽屜平台作為筆電使用的工作台。

⚒ 施工細節 靠牆的 L 型平台臥榻，下為增設滑軌抽屜，轉角處則切出一個斜角，讓行走時動線更流暢。

217

不過度張揚，打造紓壓睡寢

主臥空間床頭牆面，以大地色系軟皮革，呈現塊狀線條層次；另一處牆面的白色櫃體，下方小櫃門打開後，為收納女主人瓶瓶罐罐的小化妝檯，上方則是線條簡練的鐵件層架，可少量展示居家布置小物，又不會造成睡寢空間的壓迫感。

■ 材質使用 局部、少量的個性化鐵件，讓展示層架不過度張揚，又能為臥房營造現代活潑質感，而床頭皮革軟材質則能中和個性，帶來柔軟舒適的睡寢氛圍。

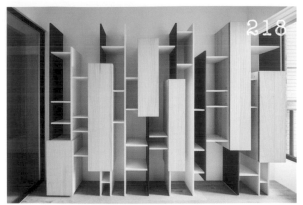

圖片提供 © 蟲點子設計

圖片提供 © 思維設計

圖片提供 © 甘納空間設計

218

交錯塊體層板展示不對稱之美

回應屋主希望有局部門片收納的書櫃，設計師利用交錯的塊體與層板做結合，展現不對稱的虛實設計。而多種材質的層板與木皮貼紋門片豐富視覺層次，大小錯落的櫃體也方便收納不同種類的物件。

■**材質使用** 書櫃運用了鐵件、層板與木皮貼紋門片等材質，局部門片讓收納雜物的空間更添清爽。

219

活動層板是貓咪的遊戲場，也是展示櫃

書房的藍色主牆透過白色鋼筋與收納櫃的搭組，營造陽剛帶有趣味性的表情，並且利用鋼筋搭立的線狀結構，讓層板能自由活動，而其產生的空間則讓家中貓咪能夠上下活動，另外將貴重展示品放置上層收納櫃中，既顯目也不會被移動的貓咪影響。

■**材質使用** 書牆使用白色鋼筋銲接與系統櫃搭配，讓系統櫃不再單調。

220

客浴成為展示酒瓶的巧妙空間

喜愛品酒的屋主有蒐藏酒瓶的嗜好，期許居家空間能擁有展示酒瓶的規劃，設計師發揮巧思，將展示空間規劃於客浴，也讓好友們能欣賞屋主的收藏。考量酒瓶顏色與設計較為多元繽紛，因此在背景與層架櫃體的材質選用皆以黑色調為主軸，讓酒瓶成為主角。

☀**燈光安排** 搭配精緻的巧克力磚與燈光投射，鋪陳沉穩又精緻的色調氛圍。

221

222

圖片提供 © 維度空間設計　　　　　　　圖片提供 © 維度空間設計

221+222

與壁面合一的書房櫃體

35 坪的空間中，考量全家人的閱讀習慣，特別設計了獨立的書房空間，牆面以湖水綠與天空藍兩種相近但不同色調打造出空間層次，書桌後方櫃體則以內嵌方式呈現，削弱櫃體存在感，空間壓力相對減低。

 **尺寸拿捏** 考量到屋主固定會使用 MUJI 或 IKEA 等品牌的收納輔助品，因此參考其藤籃大小與深度作設計規格，更利於置放。

223

圖片提供 © 庵設計

224

圖片提供 © 庵設計

225

圖片提供 © 庵設計

226

圖片提供 © 知域設計有限公司

223 | 224+225

黑色櫃體展現沉穩大器

狹長形書房中,書桌後方與右前方設計了大面積的書牆,以防潮塑合板做出黑色的沉穩木紋質感,後方書牆保留原來長形窗戶,以百葉窗調整光線,靠書桌右方的衛浴則用反射玻璃打造隱形門。

🔍 尺寸拿捏 書桌後方書牆兩邊的窄格收納,其邊線分別與樑柱與天花板框線等齊,讓線條有協調的一致性。

226

善用牆面創造有意義的展示櫃

用餐區緊鄰書房,為了讓整體環境更有主題,設計者在環境中規劃了一懸吊的展示櫃,除了擺放生活蒐藏,也能收納屋主大量的藏書。至於底部則配置長型抽屜式收納櫃,深度達 40 公分,提供屋主足夠收納空間。

■ 材質使用 搭配鐵件作為層板材質,也因其可塑性強,能再變化出不同尺度的層格,讓展示櫃更具特色和利落輕盈。🔍 尺寸拿捏 在層板高度之間將其規劃為 35 公分,遇大型、特殊尺寸的藏書也能擺放。

227

圖片提供 © 優士盟整合設計

228

圖片提供 © 齊禾設計

229

圖片提供 © 齊禾設計

227

開放式展櫃讓閱讀空間好查找

閱讀、工作的開放式空間，壁面及天花以梧桐木貼皮的方式創造隱形的場域界定。考量大量文件及作品展示，因此將收納陳列空間集中在樑下側牆，淺格抽屜可收納各式零散紙本、開放櫃則方便查找存檔資料，讓此處成為好收找的迷你資料庫。

↗ 施工細節 因有展示需求，上方牆面訂製充滿童趣的洞洞板，可憑創意和需求佈置，也增添空間活潑氣息。

圖片提供 © 庵設計

228+229
連續性櫃牆隱藏結構柱體

兩戶打通的住宅，玄關呈現特殊的 U 型動線，
重新定義 U 型空間機能，將長廊設定為收藏品
展示區，以染黑木皮板為支撐結構，規劃出開
放式櫃牆，延伸至客廳區域為大面落地書牆、
展示牆，更巧妙隱藏結構柱體。

■ 材質使用 櫃牆的胡桃木門片可左右任意移動，
選擇想展示的範圍，而染黑木皮板處則隱藏結構
柱體。

230
舊五斗櫃處理再利用

透天厝二樓書房，以玻璃做為地板材質，小吧
檯桌可做為閱讀空間，左側大面積書牆可以
放書，設計師為了怕整個櫃體僅僅放書過於單
調，在正中央崁入跳色的展示櫃，可以達到聚
焦效果。

■ 材質使用 以防潮塑合板做為主要材質，再搭配
業者原來的實木舊五斗櫃，經過處理後嵌入做為
展示櫃。

圖片提供 © 優士盟整合設計

圖片提供 © 優士盟整合設計

圖片提供 © 齊禾設計

圖片提供 © 齊禾設計

圖片提供@尚藝室內設計

233＋234
堆疊、錯落排列創造童趣感

如同積木般堆疊的櫃體，置入原木格櫃隨意地錯落，讓櫃體多些活潑童趣感，也讓熱愛旅行的大妻倆能展示各國旅行紀念品，大量的分割門片內能賦予多元收納。

■ **材質使用** 櫃體之間搭配薰衣草花草板做為空間的區隔，也形成廳區的展示牆。

235
錯落之美，平衡機能與展繹

此為書房空間，下方是沈穩的深色木質收納櫃，上方則是以鐵件所構成的大型展示空間，除了橫向與直向的交互錯落，還以厚薄不一的底板劃分層次，避免傳統書櫃的呆板，適合書本與藝品的呈現。

■ **材質使用** 以鐵件為開放展示的規劃，木材質為底的隱蔽抽屜，讓櫃體質感加分。

231＋232
和室空間中的高低展示櫃

開放的和室空間中將地板架高，設計為升降式的茶几，地板其它地方則做為收納用途；牆面為複合式展示收納，五個直列中兩個做門片，能放雜物或書本，其他開放式則做為展示用途。

■ **材質使用** 用黑色以及木紋兩種防潮塑合板，搭配和室空間中的原木色系地板與天花板，呈現整體一致色系的視覺風貌。

圖片提供@尚藝室內設計

圖片提供@尚藝室內設計

236+237
層次展示櫃，兼具機能與美感

大面展示書牆，用鐵件結構形塑層次，橫向拉出不同跨距、直向錯落切面，材質表現上以不鏽鋼、深色薄片石材襯於底與隔層，即便有擺放的空擋，櫃體本身看起來也有格調與藝術感。

■ 材質使用 鐵件與深色薄片石材的材質的交互運用，不止用在隔層與底板，連展示櫃最深的底層也有石紋美感的展示功能。

238
整面展示牆櫃，增強坪效使用機能

本空間為多功能書房、餐桌、交誼廳，並希望展示屋主的藏書與旅遊戰利品。設計師以簡易三分層櫃，並加厚層板、木皮刷上深棕調色、後邊藏光等，體現展示收納櫃的穩重質感。

✎ 施工細節 加厚層板增加負重、木皮則刷上深棕色與桌面相呼應。

239
多工材質組合，大氣展示收納

大坪數開放式書房，正前方以細緻的鐵件展示櫃與粗曠的石材牆面相對比，右方大型展示櫃，以多達六種的材質運用組合，成就多層次與質感的氣場氛圍。

■ 材質使用 櫃體以六種材質概念呈現，鋼刷木皮抽屜、黑色 H 鋼斷面、玻璃燈箱雨立板、鐵件立板、木板模的水泥背牆，層次豐富。

238

圖片提供＠新澄室內裝修工作室

239

圖片提供＠界陽＆大司室內設計

^{CHAPTER}
3 隔間界定篇

圖片提供 © 摩登雅舍室內裝修

圖片提供 © 新澄室內裝修工作室

240

複合式櫃體取代隔間超實用

把櫃子納入天、地、壁中思考,隔間櫃就是屬於壁面的部份。例如:客廳和玄關間透過未至頂的櫃體設計,作為兩者空間的區隔,也能帶來類似屏風的效果。玄關櫃同時也為電視牆面,增加隱蔽性外也創造客廳區域迴形雙動線。

241

採用雙面櫃體提升機能,增加坪效

當空間深度夠的時候,結合不同深淺的機能櫃組成一面隔間牆,不僅可以符合不同空間的收納用途,也發揮坪效;在有限的空間內,屏除更衣間與臥房的實牆隔間,採用量體雙開、玻璃跨隔的概念,讓空間保有連續性卻又各自獨立。

區域空間並非要使用實牆不可，用機能櫃界定空間不但可以有效的增加收納空間，也能界定不同區域，可謂一櫃數得。如果在一開始規劃居家設計時，就將機能與收納空間做連結和應用，了解家中需要收納物品並且與其他功能相結合，就能順勢讓坪效有最大發揮，東西更好收整不顯雜亂。

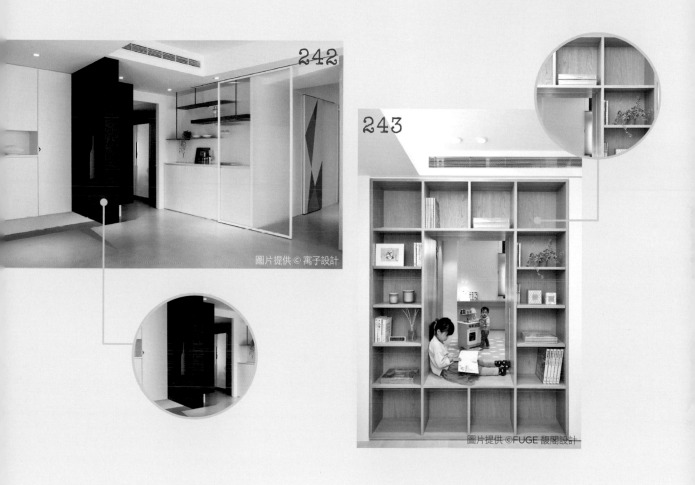

242

圖片提供 ©寓子設計

243

圖片提供 ©FUGE 馥閣設計

242

懸吊式櫃體要增加穩固與承重度

以懸吊式櫃體施作為隔間時，不論是使用木頭或是鐵件，施工時必須記得將結構加強固定於天花板或是結構牆上，增加穩固與承重度。木作屏風櫃，一側採不規則多邊形凹槽，作為展示層架；另一側則為磁鐵板材質，供留言或作平面創作。

243

隔間櫃內的深度要仔細拿捏

兩個空間共用的櫃子，收納物件的種類和櫃子深度就息息相關，如果為玄關和餐廳共用的櫃子，一般鞋櫃深度約為 40 公分，但電器櫃最好留 60 公分寬和深；假如電視櫃和書櫃結合，CD 深度大約為 13.5 公分，而書櫃就要留到 35 公分左右。

244

圖片提供 © 一它設計

245

圖片提供 © 一它設計

246

圖片提供 © 一它設計

244+245

雙面玄關櫃，裡外機能多

客、餐廳是合而為一的開放式空間，由於大門緊鄰客餐起居區域，玄關空間並不充裕，設計師以一櫃兩用的方式，設計了帶有透玻的造型櫃體，上方層架用於陳列展示，下方為穿鞋椅櫃和直立櫃，靠近餐桌的一邊還能陳列茗酒，充分兼顧兩邊的空間需求。

■ 材質使用 玄關牆以霧面白玻阻隔了視線卻不阻光，巧妙成為大門邊安心保護。

246

半腰式櫃體，界定場域增加收納空間

略為狹長的空間中，主要採光集中於單邊玄關，任何獨立高櫃都可能讓這裡的光線大打折扣，因此設計師在門口設計了半腰式收納櫃，不僅界定場域且不影響空間視覺，櫃體有了基本玄關收納配置外，更讓出空間，讓光照區成為孩童的遊戲區。

⊕ 尺寸拿捏 高度僅半身左右的櫃體為兩面設計，上端平台方便放置隨手雜物，也適用於展示，雖然體積不大卻滿足屋主使用。

247+248

迴形雙動線讓空間層次立現

設計師將客廳作為公領域的生活重心，透過格局與動線，在同一場域中創造出多元的運用；特別是大門處增設的玄關櫃同時也為電視牆面，增加隱蔽性外也創造客廳區域迴形雙動線。

⊕ 尺寸拿捏 高 200 公分、深 30 公分的玄關櫃體前後皆有機能，不置頂的設計既能界定場域又不增加壓迫感。

247

248

249

圖片提供 ⓒ 一它設計

249+250

微折角設計巧，空間更均衡

大門出入口的玄關緊臨餐廚區，為爭取兩邊的使用空間和界定場域，設計師設計了上格為展示，而下格為門片式的收納櫃體；並配合餐桌區用餐進食時較多人，餐桌設計為折刀斜面，讓此區域有了更彈性的分配。

■ 材質使用 實木貼平的木櫃上端為開放格櫃適合展示，下方門片式設計則能容納各式雜物而不顯雜亂。

251+252

雙面美櫃解決多方問題

為了解決風水、收納以及隔間等需求，在大門與餐廳之間設置一座雙面櫃，臨大門區以木質玄關端景櫃主要用來滿足出入收納及遮蔽視線。而餐廳區的櫃體則具有上下收納櫃與置物、展示檯面，當然也成功界定內外空間。

■ 材質使用 為了避免雙面櫃量體過大而遮蔽視線、也較為沉重，在櫃體右端以直紋玻璃作為屏風，讓視線可隱約穿透。

250

251

圖片提供 © 一它設計

圖片提供 © 頑渼設計

252

圖片提供 © 頑渼設計

253

圖片提供＠界陽＆大司室內設計

254

圖片提供＠界陽＆大司室內設計

255

圖片提供 © 懷特室內設計

253＋254

機能櫃三合一，植入場地界域

入門視覺最末的一處展示櫃，除了化作玄關端景外，尚可避開風水中穿堂煞的問題，同時區隔出客廳與餐廚場域，展示櫃底部的電暖爐與上方和諧的飾品擺放，植入溫暖，轉換回家的心情。

施工細節 展示兼具收納的玄關櫃成為入門最美的端景，設置下方的電壁爐，讓溫暖空氣直接往入門處漫溢，為家帶入暖意。

255

專屬外套衣櫃，界定玄關場域

考量住宅所在地—林口，冬季氣溫低又潮濕，親友們來訪時方便置放厚重的外套，於是設計師利用玄關與客廳之間增設外套專屬衣櫃，櫃體表面以不鏽鋼美耐板搭配白色烤漆，創造如主牆般效果。

尺寸拿捏 一般玄關鞋櫃深度大約是 45公分左右，如果要掛置厚外套較難以使用，此衣帽櫃深度達 60 公分，更方便收納冬季外套。

256＋257

梯型機能櫃圍塑獨立玄關

為了營造內外格局的差異感，玄關地板特別選以復古花磚做鋪排，搭配白色木質玄關櫃界定出完整的出入空間；另一方面，玄關櫃以左窄右寬的梯形量體在背後規劃有儲藏櫃，搭配左端透視觀點的切面造型，形成有趣端景。

施工細節 玄關面的白色高身櫃提供了大量收納量，而櫃門切割線條與地板懸空設計則化解玄關狹隘空間的壓迫感受。

256

圖片提供 © 豐聚設計

257

圖片提供 © 豐聚設計

258

流暢動線下劃設櫃體機能

原始封閉的廚房予以拆除，冰箱動線如何妥善安排又能巧妙融入室內空間，形成規劃上的考量之一。設計師利用入口右側置入一座鞋櫃，既可創造出半獨立的玄關場域，櫃體也身兼隔間的作用，後方接續著冰箱收納，使料理動線極為流暢。

🔍 **尺寸拿捏** 櫃體長度約 120 公分，最右側大門片主要收納鞋子，左側加入抽屜分割，方便隨手放置信件、外出用品等。

258

圖片提供 © 一葉藍朵設計家飾所

259

261

圖片提供@德本迪室內設計

圖片提供 © 奇逸設計

260

圖片提供@德本迪室內設計

259+260

造型玄關櫃讓空間場域更清晰

避免大門一打開會看到餐桌及廚房，訂製造型玄關櫃保留隱私也保持空間的開放性，而玄關櫃大小不一的透氣孔洞，讓置鞋空間維持透氣度，且於中段挖空，可隨手置放鑰匙或療癒小物。

🔍 **尺寸拿捏** 大門全開後與玄關櫃保留達 55 公分的距離，降低入門的壓迫感。

261

延伸斜面櫃體拉大空間尺度

面對狹窄型的空間格局，設計師利用形隨機能的概念給予化解，玄關入口矗立一道斜口櫃體，以收納櫃體區隔公共廳區，同時也是完整的沙發背牆作用，櫃體右側局部開口，避免過於封閉，更衍生出穿鞋椅機能。

■ **材質使用** 木作櫃體運用不對稱、進退面立面設計，勾勒簡單豐富的變化，並將木皮延伸至最右側發展出餐櫃，也拉大廳區的面寬。

262

262+263

玄關櫃展端景,將空間一分為三

典雅的古典風格玄關櫃,兼具收納
與展示功能,與正對面的電視展示
牆相得益彰。簡單的線板、藝術燈
打光,置上藝術品,入門即成端景,
輕鬆區分了玄關和客餐廳,也讓心
情得以轉換。

☀ 燈光安排 古典風格的線板玄關櫃,
中間保留一處展示空間,透過打光和
放置藝術品,降低滿櫃的視覺壓迫,

263

264

264+265

頂天地玄關櫃，區分場域內外

本案以磁磚、玄關櫃、門斗、落塵門檻、壁燈區分家的內外，簡約玄關櫃，有開闔式的鞋櫃，也保留拖拉的抽屜，滿足多種收納需求。

↗ 施工細節 玄關櫃保留暗把手、透氣孔，讓視覺乾淨舒適，使用上也方便。屋主不喜歡櫃體懸空積塵，透過頂天地的方式處理完成。

265

266

267

圖片提供 © 合砌設計

圖片提供 © 合砌設計

268

圖片提供 © 奇逸設計

266+267

色塊堆疊打造豐富儲物機能

玄關入口運用木工訂製櫃體，透過灰色、黃色色塊，以及局部穿插使用玻璃材質，加上特意凸顯的溝縫分隔線條設計，降低木作量體的沉重與壓迫感，色塊呈現的方式也有如積木般堆疊的趣味，同時也經由大小比例劃分，創造出可收納小物、外衣、鞋子等各式生活物件的機能。

✎ 施工細節 面對客廳的櫃體上，預先規劃溝縫線條，達到透氣的作用，而櫃體上方也充分利用高度規劃小型儲藏室。

268+269

N 字綠牆串聯動線，滿足實用機能

因既有格局與環境的限制，公共廳區利用綠色造型量體做為串接與延續。這道綠牆兼具了收納、隔間用途，取樑下最低點抓出水平高度，加上左側、中間局部的玻璃材質運用，形塑出量體的獨立性、輕盈與穿透，開口處也搭配風琴簾，給予私密性的調整。

■ 材質使用 綠色量體主結構採用鐵板做現場銲接，再利用木作置入門片、格狀收納，比起全木作更為堅固牢靠。**🔍 尺寸拿捏** 隔間櫃深度約 35 公分，賦予門片與開放形式，具備展示與收納機能。

269

圖片提供 © 奇逸設計

圖片提供 © 禾光室內裝修設計　　圖片提供 © 禾光室內裝修設計　　圖片提供 © 禾光室內裝修設計

圖片提供 © 懷特室內設計

270+271+272

多功能機能櫃打造玄關隔間

比起牆面式的玄關端景櫃，半高鞋櫃搭配柱狀高櫃的設計更具有視覺穿透效果，讓室內顯得更開闊。設計師以原有的磁磚作為落塵區，與室內的木地板作出明顯區隔，並將出入門所有收納需求整合至多功能的造型櫃體內。

✎ 施工細節 面對大門的半高櫃體主要設計作為透氣鞋櫃，而其左側則貼心地加設可拉出式的櫃體，作為外衣櫃或者傘櫃等用途。

273

隔間牆設計鞋櫃，提升小空間坪效

此案為舊屋翻新空間，利用進入玄關盡頭的衛浴隔間牆，打造白色懸空鞋櫃，由於入口左側廚房另設有儲藏櫃體，此鞋櫃對一個人住的生活來說綽綽有餘，中間平檯還能兼具展示。

■ 材質使用 背牆選用仿舊的粗獷感壁紙，藉由新舊衝突的對比視覺，呼應老屋翻新的裝修，並成為入口的視覺焦點。

274＋275

端景牆與電視櫃形塑空間隔間

入門玄關處為一矮端景櫃，另一面則是客廳的電視牆，低矮的櫃體設計讓空間有了區隔，但視覺仍然可跨越，同時兼顧隱蔽性又避免過高的櫃體所產生的視覺壓迫感。而療癒的小盆景或擺飾，也能轉換入門時的心境。

▸施工細節　利用電視牆的背面作為玄關端景，避免一進門就看到沙發的不安定感，但保留了視覺的穿透性，免於壓迫。

圖片提供 © 工一設計

圖片提供 © 甘納空間設計

圖片提供 © 甘納空間設計

276

以隔間電視牆打造全室最佳採光

因為室內只有單面採光，設計師去除房間隔間打造多功能室，讓客廳與房內的光線能夠互通，達到單面採光的最大值，而其中以電視牆作為隔間，客廳面下方作為電器收納櫃，另一面則設置書櫃與書桌。

■ 材質使用 電視牆正面使用石材，背面則為木皮烤漆。**🔍 尺寸拿捏** 隔間電視櫃高度2米3，深度50公分，具有收納電器與書籍的功能。

277+278

櫃體門片巧變彈性隔間

此案屋主有工作空間的需求，因此設計師將餐廳櫥櫃門片改為定製的黑色鐵件滑門，往右一拉就能區隔客廳與工作室場域，並串聯起客廳與餐廳空間，而不辦公時則將滑門歸位即能回復寬敞的開闊空間。

⬤ 五金選用 木作餐廳櫥櫃搭配訂製的黑色鐵件滑門，讓櫃體門片也能成為彈性隔間。

279+280

懸空電視櫃巧做界定與書桌

客廳利用窗邊臥榻連接書房，並讓電視櫃很輕巧的架在臥榻上營造懸空感受，並成為場域之間的界定，且高度不做滿、預留兩側動線，讓空間更顯自在、流動，左側為電器櫃收納，電視正後方厚度較薄則連結書桌使用。

🔍 尺寸拿捏 電視櫃書桌兩用界定櫃，以厚度擴充使用機能，左側為正面電器櫃收納厚度60公分，後方則往右凹陷30公分架上書桌，完成多功能。

279

圖片提供 © 蟲點子設計

280

圖片提供 © 蟲點子設計

281

圖片提供 © 甘納空間設計

282

圖片提供 © 思維設計

281

電視牆櫃體隔出三區享品味

屋主將 41 坪舊宅打造為招待朋友來訪的
會所，室內分成三大區塊：吧檯用餐區、
家庭劇院區與品酒區。其中設計師運用
電視牆區隔劇院與品酒區，並兼具電器
櫃與收納櫃功能，而迴狀動線則讓使用
更為順暢也令視野開闊。

■ **材質使用** 大理石電視牆以沖孔板作為電
器櫃門片，兼具美觀與透氣功能。

282

幾何展示的電視牆打造採光空間

30 坪的居家空間，原本的格局將採光止步於
房內，於是設計師將書房隔間打除，變更為
電視牆與層板書櫃，讓各個場域光線得以相
互交流。電視牆呈現通透的幾何造型，在鏤
空造型下兼具展示效果，並成為視覺焦點。

施工細節 櫃體收納及開放層板合而為一，並
在局部位置加裝玻璃，讓後方書房也可以為獨
立空間。

283

玻璃展示櫃既成焦點亦能界定空間

客廳後方的玻璃展示櫃除了有展示、收納等
功能，也作為客廳與小孩遊戲空間的界定，
而櫃體上方刻意留空的設計，讓日光、視線
流暢於空間，需要隱私時則可將拉門關上，
化身為具上下層的多功能客房。

燈光安排 展示櫃內使用 LED 燈讓層板顯得
立體突出，並利用玻璃五金打造出沒有邊框的
玻璃櫃。

283

圖片提供 © 蟲點子設計

圖片提供 © 合砌設計

圖片提供 © 合砌設計

圖片提供 © 一它設計

284

設計書牆化解風水創造收納

兩房一廳的新成屋格局以最小變動，賦予空間極大化與提升使用機能。一面兩側通透的電視牆以及一道書櫃取代實牆，書櫃兼具隔間，除了化解大門入口對衛浴的窘境，加上房門皆改為滑門形式，也創造出自由走動的環繞動線。

■ **材質使用** 櫃體背板使用具有防潮效果的OSB 板，同時也回應屋主對於自然粗獷感的氛圍喜愛。

285

大面櫃牆化收納於無形

期盼有充裕的收納空間，對於擺放位置也有所要求，讓設計師事前花了許多時間溝通收納，利用客廳與臥房的隔間創造出 50 公分深度大面櫃牆，看似沒有規則的分割線條，隱藏了屋主制定的收納物件需求，這些溝縫也同時具取手的用途。

■ **材質使用** 大面積視覺櫃牆使用實木貼皮，往上的櫃體搭配石材、灰色烤漆處理，帶出沉穩與質感。

286＋287＋288

百搭電視櫃，每個角度都實用

此案為老屋重新裝修，長型格局成了空間的一大挑戰。開放式的複層屋型裡，還豎立著直柱，設計師以頂天立地的電視牆先將柱子包覆，同時用櫃體將空間分割，櫃體厚達 45 ～ 60 公分，不僅能收納影音線路，側邊還能成為簡單的展示陳列架。

➚ **施工細節** 牆面靠餐桌的一邊設計了陳列平台，整面大理石紋造型櫃不僅能展示，也適用擺放進餐時所需物品。

圖片提供 © 一它設計

圖片提供 © 一它設計

289

圖片提供 © 優士盟整合設計

290

圖片提供 © 優士盟整合設計

291

圖片提供 © 維度空間設計

289+290

半腰電視牆確立公領域動線

60 坪空間中擁有極為舒適的 L 型採光，在不阻擋光線之下，公共區域採以開放式手法設計。透過電視牆體的開放坐落將場域緊密銜接，客、餐廳回字串聯，動線分明但視野不受隔間侷限，巧妙構築出明朗大器的公領域格局。

■ 材質使用 傢具特意搭配深色系，天花板則選用鍍鈦金屬材質，巧妙反射光線營造出日式禪風的寂靜平和。

291

半身矮櫃讓空間動線層次分明

通透的開放公領域，為區隔電視影音區和沙發後方的餐廳區，設計師以屋內大樑為軸心，設計半身高的矮櫃作為場域區分，以仿飾水泥砂漿來形塑櫃體，搭配鐵件與木材質，不僅界定了空間，也增加更為方便的收納空間。

■ 材質使用 櫃體為仿飾水泥砂漿，效果不輸真實水泥，日後也很好維護，另外搭配木材質櫃面，具體展現出風格氛圍。

292+293

是櫃體也是牆，將空間一分為二

為讓屋主更自在地使用公共領域，將電視櫃體與牆面整合，一方面滿足界定空間的需求，另一方面也提供了吊掛電視、擺放相關設備以及結合置物功能。這道櫃體也讓格局形成回字形式，為整體空間帶來明亮感和寬闊感受。

◎ 尺寸拿捏 電視櫃體牆寬度 230 公分、深 50 公分。設計師為發揮櫃體的收納效益，在當中配置了 12 個小收納格，每個深度 40 公分、高度 44 公分。

■ 材質使用 由於屋主小朋友很喜歡照鏡子，特別在設備櫃上加了茶鏡，藉材質的反射作用滿足孩童的需求。

圖片提供 © 豐聚設計

圖片提供 © 一葉藍朵設計家飾所

圖片提供 © 游雅清空間設計

294

玻璃書架隔間讓關係更親近

需要可安靜思考的書房，但也不想完全錯過與家人的居家時光，不妨選擇這樣有點黏又不太黏的隔間設計。採用透明的玻璃搭配書架展示櫃，設計成具有穿視效果的隔間牆，讓客廳與書房保持互動性，且認真工作時又可降低干擾。

■ **材質使用** 以鐵件、玻璃與木層板共構的書架隔間牆，架構出堅硬度、穿透性與溫度感，也充分展現現代美感。

295

用書櫃圍塑迷你儲藏室

15 坪小空間，由於男主人身兼工程師與音樂人，收藏大量工具書外，還擁有一台專業電子琴。將客廳後方的隔間局部打開，規劃獨立的書房，兩側櫃體滿足書籍擺放，一方面更巧妙地利用書櫃為隔間，櫃體後方隱藏了一間半坪大的儲藏室，創造更多實用收納空間。

■ **材質使用** 沖孔板滑門不只是門片，也能做為傢飾展示牆，鏤空洞孔特性創造出豐富的光影層次與變化。

296

帶動通透視感的無背板櫃牆

將原始客廳後方的隔間取消，重新規劃的客、餐廳之間運用無背板的通透櫃體作為公共區域的主要骨幹，塊狀視窗格讓視線多了一點緩衝，通透的造型也給了使用者決定物件朝哪面擺放的彈性，而左側綠松石噴漆主要賦予夾層結構的支撐，同時也收納一些線路。

■ **材質使用** 通透櫃體主要垂直軸線為鐵件，試圖讓量體更為輕量化與細緻，橫向層板則穿插運用木作與玻璃交錯，增加櫃體的活潑與變化性。

圖片提供@樂創空間設計

圖片提供@樂創空間設計

297+298

魔法展示牆，密室一牆之隔

大面積的展示櫃，大有玄機，左右兩側是深達 28 公分深的多功能展示收納，得以確保展示品的種類多元、尺寸不一；中間一道門的寬度，則是 8 公分的淺層固定型的展示牆，如同密門般通往小孩房，趣味性十足。

↗ 施工細節 將展示櫃與小孩門做結合，在櫃體的深度做了拿捏，方便擺件的區隔，另一道通往小孩房的趣味門，增加想像空間。

299

299+300

櫃體變化，打開黑白魔術盒

灰色的鋼石水泥地坪為背景，設計師選用黑與白色鋪陳櫃體，而方形懸吊量體，讓視覺對比強烈、簡單而有力量。兩色櫃體各自扮演著不同的角色，一個是容納量大的收納空間，另一個則作為屏風與展示藝品之用，如同白天與黑夜的對映。

■ **材質使用** 木作黑色屏風櫃，一側以不規則的多邊形凹槽，作為展示層架；另一側則是磁鐵板材質，可供留言或作平面創作。

300

圖片提供 © 合砌設計

302

圖片提供 © 寓子設計

301

樑下發展櫥櫃釋放空間感

依據動線、坪效重新配置的格局，同時考量廳區所橫互交錯的大樑問題，盡可能將櫥櫃類往樑下收，並藉由拉齊立面設計，釋放出空間的寬闊性。電視牆兼臥房隔間，也包含衣櫃、電視櫃儲藏使用，大門右側的樑下則發展出鞋櫃、儲藏櫃，將收納藏於無形。

■ **材質使用** 電視牆延伸至走道的 L 型牆面，刷飾類金屬塗裝，在簡鍊灰階之下賦予層次變化。

302

黃橘淺灰吧檯，為空間注入生機

暖黃的木色化身為簡易吧檯，一路延伸至天花，以半開放的姿態區隔出客廳與餐廚空間。吧檯上是雙面可用的透空櫃，靠廚房側的下方則規劃約 20 公分深度的格櫃，可放置屋主各式各樣的杯子收藏。

✎ **施工細節** 沙發旁的落地門外空間是陽台，由於陽台門檻較高，因此將電視櫃延伸至窗下，成為兼具收納的臥榻，也能作為通往陽台的樓梯踏階。

303

圖片提供 © 懷特室內設計

304

圖片提供 © 懷特室內設計

圖片提供 © 森境＋王俊宏室內設計

圖片提供 © 森境＋王俊宏室內設計

圖片提供 © 森境＋王俊宏室內設計

303+304

仿拆除的頹圮蕭瑟之美

以木作打造的白色不規則局部矮牆，為仿磚牆拆除後的頹圮美感為概念意象，搭配黑色旋轉電視架，成為客廳與餐廳的隔間分界，左下的方格盒子凹槽，可收納視聽設備家電，上方懸吊的白色方櫃，則是兩面皆可開啟，方便雙向使用。

■ 材質使用 左下視聽設備櫃方格，特別挑選水泥板的系統板材，以水泥粗獷的色澤質感，呈現斑駁之美。

305+306

若隱若現，形構光之背景

客廳以鐵件結合鋼刷木皮，打造出右側電視主牆，也將舊有空間的柱狀機房包覆隱藏。鐵件層架具有展示功能，同時也成為兩座木作量體之間的串聯整合橋梁，上下部分透空，能讓不同場域之間的光景互動交流。

↗ 施工細節 位於空間內部的餐廳光線較差，因此將緊鄰的兩間主客衛浴牆面拆除，改為霧面玻璃，讓光穿透不受阻絕，也形構出陳列器物的獨特背景。

307

懸吊式櫃體定義場域的隔屏

在上下樓的梯間視角中，透過懸吊式開放層櫃，從不同角度裡，看見不同的居家風景。白色噴漆鐵件格櫃，既是收藏品的展示平台，也是定義樓梯過道、起居室界線的隔屏，清透的懸吊式設計更能保有空間前後的開放關係。

■ 材質使用 白色鐵件格櫃，層板採用與牆壁立面相同的鋼刷木紋板材，透過落地窗的光照變化，表現木的肌理質感。

308

圖片提供 © 摩登雅舍室內裝修

309

圖片提供 © 摩登雅舍室內裝修

310

308+309

壁爐式雙面隔間櫃

設計師替外籍男屋主打造歐美風格的鄉村風居家,回家就像回鄉,讓空間設計更具歸屬感。以電視櫃為公共區域的動線中心,壁爐式造型隔間,在客廳一側作為電視與視聽設備的櫃體,另側餐廳區則是擺放瓶罐、調味料、杯子的收納層架。

■ 材質使用 由於台灣處於地震帶,因此在造型壁爐的開放層架基座上,加裝透明玻璃檔板,就算地震也不用擔心物品掉落問題。

310+311

活動壓克力層板,發揮佈置創意

客、餐廳之間以電視櫃劃分,鄰餐廳的櫃體一側巧妙運用活動壓克力板為層架,可以彈性調整位置,提供屋主多元的佈置想法,而下方的暗櫃收納影音設備。

■ 材質使用 電視主牆一側延續餐廳背牆的洞石材質,讓空間連貫也呼應自然主題。

311

312

圖片提供 © 甘納空間設計

312+313

可收設備也能為書櫃的電視牆

一座自然紋理大理石牆區分客廳與休憩區，釋放寬闊的空間感，雕刻白大理石牆下方嵌入影音設備收納機能，另一側則規劃成書籍、電腦事務設備收納，透過一個量體的多元整理概念，讓空間簡潔俐落。

■ 材質使用 書櫃層架部分捨棄木質，而是以鐵件構成，除了在線條上比例上較木頭層板好看，耐重能力也較佳，更為堅固耐用。

314

櫃牆兼隔間、臥榻，串起多元生活機能

走進有著淡雅粉紅斜屋頂的家，入口矗立著一道灰色櫃體，兼具劃設隔間、遮蔽穿堂煞、鞋櫃等用途，櫃體中間刻意鏤空，留住光也創造框景效果。櫃體延伸至廳區化身書牆、電視牆，甚至發展成為臥榻、行李收納櫃。

■ 材質使用 櫃牆使用木質、灰玻、彩色密底板創造出三種不同形式的收納方式。**Q 尺寸拿捏** 臥榻下的矮櫃高度為 45 公分、深度達 75 公分，可收納行李箱。

313

圖片提供 © 甘納空間設計

314

圖片提供 © 齊禾設計

315

圖片提供 ©FUGE 馥閣設計

316

圖片提供 ©FUGE 馥閣設計

315+316

雙面櫃不止收納還能增加採光

因為屋主在客變時打掉所有的隔間,因此設計師將客廳後方的琴房運用雙面櫃施以隔間。內面作為書櫃收納,而走道面則放置盆栽讓家中充滿綠意,並以玻璃作底讓房內光線能向外釋放。

🔍 **尺寸拿捏** 雙面櫃深度 40 公分,內面可藏書,走道面則擺放盆栽增加家中綠意。

317+318

達到最大坪效,
收納、空間界定機皆能俱備

為了有效利用室內僅 13 坪的空間,公共區和臥寢區以櫃體和拉門區隔。採櫃體兩邊皆能使用的設計概念,電視背牆右側為電器櫃,下方為開放型收納,上方則給後方的臥房使用。

🔍 **尺寸拿捏** 需預留電器櫃的緣故,整體櫃體深度約 45～50 公分左右,下方的收納空間留出 35～40 公分方便放置收納籃。

■ **材質使用** 櫃體以木作加烤漆而成,壓克力烤漆的大地色系,乾淨無壓的用色與屋主喜愛日本無印風格的簡單純粹恰恰相符。

318

圖片提供 © 采荷設計

圖片提供 © 合砌設計

圖片提供 © 奇逸設計

319

櫃體及腰區隔備料區與用餐區

開放式廚房為了增加通透性，所有櫃體都只做到及腰，方便與用餐區做為區隔。備餐台下方預留插座給電器，並能放置餐具；瓦斯爐下方則可置放大型鍋具。人體工學的考量下，也讓備餐台、瓦斯爐台與流理台的台面高度皆不一致。

■ 材質使用 台面均使用磁磚，搭配側面的玻璃馬賽克，磁磚容易清潔，橘色玻璃馬賽克則提升空間明亮度。

320

白色鐵件框架削弱沉重量體

獨棟的透天住宅，位於餐廚後方的收納展示櫃牆，除了實質的儲物機能之外，也兼具屏蔽樓梯的隔間牆，更具有拉闊空間尺度的效果。櫃體以灰階為基底，襯以白色鐵件的主要結構框架，並注入些許木紋帶出溫潤質地，豐富的層次亦削弱量體沉重壓迫感。

✎ 施工細節 白色鐵件框架的上、下皆固定於結構上，木紋櫃子可隨意放置不同層架，溝縫為抽屜拉取使用、把手則是下掀。

321

局部鏤空營造流動與通透感

餐廳及廚房之間的廊道上，以開放展示 & 收納櫃作為區隔，為避免產生阻礙感，櫃體上半部選擇鐵件打造的通透性視覺為主，也讓展示品成為空間焦點，下半部則搭配門片式設計，收納較容易凌亂的生活用品。

■ 材質使用 暗紅色烤漆的鐵件層架，選用玻璃、木頭層板，局部更搭配仿古鏡為背板，讓櫃體更為活潑。

圖片提供 © 知域設計有限公司

圖片提供 © 知域設計有限公司

322+323
吧檯兼紅酒櫃成男主人愜意的小天地

男屋主有品酒嗜好,特別要求設計師在空間裡配置一吧檯區,好讓他有一方天地,能自在愜意地品酒。吧檯是以櫃體結合檯面組成,檯面下鏤空處可放入兩張高腳椅作為吧檯使用,對側則為收納櫃,用來收放屋主的紅酒,以及想閱讀的書籍。

✎ 施工細節 為了讓紅酒橫放時能有所依歸,特別在其中配置了 X 層架,每個三角形空間可放 3 瓶紅酒,方便屋主拿取也不怕東倒西歪。**⊕ 尺寸拿捏** 兼具收納功能的吧台,其高度為1米1,深度為 40 公分,合宜的尺寸用來放置紅酒很剛好。

324

325

326

圖片提供 © 森境＋王俊宏室內設計

324

用 L 型廚櫃劃分空間場域

12 坪老屋以略帶灰階的淺紫，鋪陳出紓壓柔和的空間色調。開敞的公共空間中，L 型廚櫃劃分餐廚與起居區域，流理台上方以黃銅色鐵件設置懸吊層架，上層預留較高空間，可存放不同高度的瓶罐物品，並擺放垂下的藤葉盆栽，讓家盈滿綠意清新。

■ 材質使用 L 型廚櫃門片，選擇仿風化木刷色的鋼刷木紋面板，除了提點一絲自然氣息，粗獷的紋理也讓淡紫空間更為中性。

325

日光餐廳裡的情感交流

餐廳面對淡水河畔，在最美的風景與家人一同用餐，成為家庭活動的核心角落。為了不阻擋這片美好光景，開放格局透過隔屏矮櫃做為客、餐廳的空間界定。藤灰色的矮櫃，上下兩處凹槽可收納杯盤與小物，下方並設置插座，方便在此處使用火鍋、燒烤台等電器。

■ 材質使用 白色輕美式風格的大型廚櫃，中央以黑鏡面、玻璃層板搭配投射燈，讓巨大量體變得清透又不感覺壓迫。

⤢ 施工細節 廚櫃的玻璃層板尺寸較寬，需在製作初期便預先崁進櫃內。

326

鐵件格櫃形塑韻味剪影

用餐區與茶室間運用鐵件格櫃分隔空間，上方擺放屋主收藏的茶具，開放展示櫃體的穿透效果，讓兩空間皆可欣賞逸品，也一改傳統櫃體的厚重印象。格櫃加上局部檔板，隨著日光移動，創造剪影效果。

■ 材質使用 櫃體層板搭配鋼刷木作，最底下則是潑墨大理石，提供懸吊式櫃體一個穩定的視覺感，也是茶具展示的最佳舞台。

327

圖片提供 © 伊太設計

328

圖片提供 © 伊太設計

329

圖片提供 © 伊太設計

327+328

深黑牆櫃是隔間、也能收納

主臥不僅想要有安靜的休憩機能，同時也享有閱讀、工作的區塊，但又不希望兩區互相干擾，因此特別以隔間牆櫃配合門片做區隔，讓臥房區擁有專屬電視牆，而書房也能有複合收納櫃，滿足書籍、紀念品及文件收藏。

➚ 施工細節 因臥房使用人口簡單，較少隱私與聲音干擾問題，決定採木櫃替代實牆，既提升機能、亦可減少建築負重。

329

衣櫥搭配地板差創造層次感

在套房式臥房中以一道造型衣櫥取代傳統的牆面，區隔出獨立衛浴區與臥眠區，並且因應衛浴排水工程需要將地板做出高低差，讓雙邊空間更有層次感。同時設計師也利用一明一暗的色彩與建材配置，營造兩區截然不同的氛圍。

➚ 施工細節 因應現場空間條件，將採光極佳的窗邊規劃做泡澡衛浴，而需要安定氛圍的臥眠區則留在內側，也更有安全感。

330

圖片提供 © 懷特室內設計

330

機能櫃化身為可移動的牆

書房後方的黑色櫃體，結合了開放格櫃、抽屜、門片櫃三種不同收納機能。同時
這座移動式的櫃體，也是空間中的彈性隔牆，往左側挪動後，可將書房空間部分
釋放，讓書櫃後方空間放大作為客房使用。

↗施工細節 書櫃後方的彈性空間，右側牆上有一張可收納至壁面的床，床向下拉出
來就能成為客房睡寢之用，往上收則能完全隱藏。

331

332

333

圖片提供 © 一葉藍朵設計家飾所

331+332
開放式櫃體也能當作隱藏隔間門

入門高低相間的開放式櫃體，兼具展示與隔屏的作用，成為進入臥房的氛圍緩衝。左後方的造型展示牆，得以擺放屋主收藏，同時也是一道隱藏門，通往主臥私人陽台。

■ 材質使用 進入臥房的兩道櫃體，木質與鐵件材質與整室相呼應，隔屏採垂直羅列，後方隱藏門間展示櫃則採水平挪移，更顯層次。

333
衣櫃後隱藏梳妝，收整畸零結構

19 坪大的中古屋，確定未來成員結構僅夫妻兩人後，捨棄原主臥的半套衛浴，並運用此空間規劃一座衣櫃，櫃體後方則採取開放式層架與桌面設計，界定出梳妝機能，擴增臥房的使用性。

■ 材質使用 衣櫃面材大膽以豆沙紅做噴漆處理，搭配主臥床頭的湖水綠牆色，繽紛和諧的組合讓空間充滿驚喜，也回應屋主對色彩的喜好。

334

圖片提供 © 合砌設計

335

圖片提供 © 合砌設計

336

圖片提供 © 奇逸設計

334+335
櫃體整合規劃提升最大坪效

為了避免壓縮廊道的寬敞度，維持在120公分寬的舒適性，設計師巧妙將電器櫃與衣櫃整合規劃，讓電器櫃有如內嵌於牆面內，無須佔據走道空間，衣櫃最右側的門片開啟後所擁有的深度，則作為美妝香水物件的小物收納，把收納機能發揮得淋漓盡致。

🔍 **尺寸拿捏** 電器櫃深度預留45公分，另一側的20公分主要收納小型物品，而衣櫃側邊更隱藏20公分的儲物櫃可使用。

336
穿透、懸空櫃體保有視覺通透

在空間有限又需要滿足更多收納機能，客臥一進門的右側以吊櫃、懸空櫃體手法，擴充收納且兼具與睡眠區域的緩衝，隱約穿透的視覺效果亦可避免壓縮空間感，而床尾處另有對稱性衣櫃，收納機能更齊全實用。

✎ **施工細節** 吊櫃透過大樑與左側層板深入牆體的結構設計作為支撐。■ **材質使用** 衣櫃表面貼飾波隆地毯，搭配不鏽鋼毛絲面收邊，提升質感。

337+338
木色之下的櫃體留白律動

以木材質為牆壁立面與天花鋪底，呈現空間溫潤質感，餐廳與通往臥房廊道之間，則以一座上下透空的白色櫃體做區隔。櫃體上方採白色噴漆鐵件，做出間距不一的隔屏；下方挖出一道曲線透空，讓內部廊道也能感受公共空間傳遞而來的家的溫煦。

✎ **施工細節** 櫃體運用鐵件做出垂直線性分割，讓不同空間的光影氣息交流。

337

圖片提供 © 森境 + 王俊宏室內設計

338

圖片提供 © 森境 + 王俊宏室內設計

339

圖片提供 © 蟲點子設計

340

圖片提供 © 界陽 & 大司室內設計

339

衣櫃的雙面櫃，圍塑隔間效果

約 12 坪的小套房以正反兩面，臥房外為書櫃，內為衣櫃的雙面櫃作為公共區域與私領域的隔間。不靠牆不置頂的設計減少壓迫感，而書櫃層板延伸出書桌，則讓空間設計呈現一致。

☀ 燈光安排 由臥房延伸而出白色層板與黑色書桌相呼應，並讓臥房光線微微透出暈黃，以燈光減緩黑白所帶來的極端視覺感。

341

圖片提供 ⓒ 禾光室內裝修設計

340
運用輕薄鐵件帶來視覺延伸

主臥更衣間的精品展示櫃,同時也是睡寢與更衣的隔間,不規則且刻意錯落的雙向展示設計,讓櫃體具有變化性,開放的穿透與鐵件的細膩質感,也帶來視覺延伸效果。

✎ 施工細節 鐵件以油漆噴漆處理,再以矽力康固定灰玻璃。

341
獨立中島界定更衣間領域

更衣間不再是女主人的專屬空間,男主人也需要有獨立收納櫃來放置心愛衣物。因此在規劃這間獨立更衣間時特別以一座中島櫃作空間分區的定位點,讓男、女主人的衣物可以各自分邊、分類歸放。

■ 材質使用 獨立的中島專櫃式櫃體,加上二側的木紋門櫃與大鏡面設計,讓更衣間有如精品店般精緻優雅,而櫃體上層設的格子櫃讓主人選戴手錶與飾品時更方便。

圖片提供@尚藝室內設計

342+343
岩板花紋隱藏櫃，界定空間超有型

岩板花紋造型牆面，其實是書房外的大型落地收納櫃，不同的幾何造型切割，增加天然休閒的層次感，按壓式的拍拍門，視覺上非常乾淨。櫃體內部大量的層板可供屋主按照收納的習慣自行調整，更具收納彈性。

■ 材質使用 岩板花紋造型門片，透過寬窄多方的切割線條，將層次感顯現出來，低調形塑自然休閒的氛圍。

344
櫥櫃與拉門共舞出獨立格局

獨棟建築樓上的書房與起居間均為開放格局，但是為了讓整層樓與書房均可享受獨立的安靜空間，設計師利用展示櫃搭配拉門設計而讓格局有變化。首先，將拉門關至樓梯處則可讓整層樓獨立，而拉門向右拉上則可隔離書房。

↗ 施工細節 以玻璃拉門改變空間的獨立性，除了可提升空間安靜感，亦可分割空間讓空調效率更佳、更省能源。

345+346
兩面櫃體形塑走道邊的書香風景

緊臨走道的書房區域，為了避免牆面阻隔了明亮的光線，設計師在入口的兩邊各埋下巧思設計，一邊以光透的白玻界定場域，另一邊則以格狀展示櫃呈現，而櫃體採雙面形式，部分鏤空，讓空間視覺展現活潑輕盈。

↗ 施工細節 雙面櫃體靠書房的一側深度較深，用以收納書籍，靠走道深度較淺，展示屋主收藏，刻意設計高低錯落也完全跳脫一般制式的櫃體設計。

344

圖片提供 ⓒ 伊太設計

345

圖片提供 ⓒ 構設計

346

圖片提供 ⓒ 構設計

347

圖片提供＠界陽 & 大司室內設計

348

圖片提供＠界陽 & 大司室內設計

圖片提供 © 齊禾設計

圖片提供 © 齊禾設計

347+348

是書房還是客房，用櫃體巧妙變身

平時為書房，開放式櫃體可供置書和展示，有客來訪時，便將牆面的活動床放下，將四周折門關上變身為隱蔽性客房，活動床的周邊藏有大量隱藏式收納空間，讓空間機能超齊全。

⏶施工細節 無論是在書房或是變身客房，多處隱藏式的櫃體，讓兩類型的使用空間更具彈性。

349+350

半高櫃體讓光線自由穿透

15 坪的小宅，由於房子為單一採光，主要受光面來自於廚房，於是客廳、廚房之間規劃一道未及頂電視櫃區隔兩空間，讓光線通透之外，也避免壓低屋高。櫃體不僅僅是設備收納，另一側更是充裕的開放式層架，可放置書籍或各式展示品使用。

⊕尺寸拿捏 隔間櫃與另一道隔間牆之間維持 30 公分的距離，方便拿取中間層架物品。**■材質使用** 利用風化木洗白為基底，創造清爽無壓的視覺氛圍。

351

圖片提供 © 禾光室內裝修設計

351+352
面櫃間隔區域且保私密

在兼顧機能與隱私的考量之下，書房採雙面櫃的隔間設計取代實牆，除了可以增加書櫃、儲物的需求，櫃體間也特別使用茶色玻璃為背板，既能保有光線、視覺的穿透與延伸，也讓書房擁有獨立空調冷房的效果。

🔍 尺寸拿捏 雙面使用的格櫃高度皆為 31 公分，深度則略有差異，書房內側設定為 35 公分，適合收納書籍，鄰近走廊的深度則是 15 公分，以擺放相框、紀念品等物件為主。

352

圖片提供 © 禾光室內裝修設計

353

一座量體讓機能大活用

在臥房與客廳利用上方鏤空的中櫃作為
空間分隔,讓臥房與起居室彼此串聯放
大,兼顧睡眠隱私也維持空間感的流通,
而這組衣櫃也身兼多功能,對內是臥房
的衣櫃,對外則為電視牆,將小坪數也
能有效運用。

↗ 施工細節 主臥為求輕量化設計,減少
木作訂製櫃的產生,進而利用床頭掀櫃、
層板和角落畸零處的收納應用解決置物需
求。

圖片提供 © 天涵空間設計

^{CHAPTER}
4 傢具功能篇

354

圖片提供 ©FUGE 馥閣設計

355

圖片提供 © 寓子設計

354

多功能臥榻解決小坪數收納需求

利用臥榻深度設計，不失為解決收納空間不足的方法之一，且有結合閱讀、收納及休憩的多元機能。臥榻收納主要分為抽屜式與上掀式，抽屜式使用較便利，而上掀式則是容量較大，但較不易使用，兩者間可依需求選擇方式。

355

樓梯結合櫃體讓生活添趣味

樓梯不僅具有串聯上下空間的作用。樓梯下的空間更是最適合作為收納的地方，可在每一個踏階隱藏收納抽屜，或是利用側面規劃一格一格的收納櫃。結合餐桌、休憩、收納的萬用機能櫃，成為生活便利一角。

現代住宅的收納空間不足，可依據動線將收納櫃體與傢具結合在一起，不僅與生活緊緊相連更加好收，也相對節省許多空間。讓櫃不僅僅只是櫃，而是可以展現多樣機能，如化身椅子、桌子、臥鋪；更甚至沿著牆面、天花板、地板等點綴機能性，貼近人的生活。

356

圖片提供 © 森境＋王俊宏室內設計

357

圖片提供 © 維度室內設計

356

小巧思大變身，書桌書櫃一體成型

為了支撐書籍的重量，書櫃層板厚度大多會落在 4 ～ 6 公分左右，層板跨距應為 90 ～ 120 公分。若跨距超過 120 公分，中間要加入支撐物，避免出現微笑層板的問題。床頭可用矮隔板延伸而出成書桌靠背，既維持空間開放又讓書房、睡寢各自獨立。

357

依收納造型決定物品擺放方式和尺寸

以中島櫃體搭配抽拉層板來說，長度約 60 ～ 70 公分最好使用，如果是床鋪下的收納，高度 35 ～ 40 公分為佳，適於各類書本的收納，假如是非方正的傢具整合收納，則是可收納如海報、畫紙等生活物件。

圖片提供 © 甘納空間設計

圖片提供 © 甘納空間設計

圖片提供 © 摩登雅舍室內裝修

358+359

整合收納櫃，隱藏電視兼具貓跳檯

位於玄關入口處的一整排收納立面櫃體，除了可收整入口與客廳雜物，也完善的將電視收納其中，並藉由上方斜線切割與層板的水平相互呼應，凸顯線條美感；同時兼具貓跳檯功能，讓毛小孩可自在地盡情跳躍。

🔍 **尺寸拿捏** 以木皮噴漆的藍色收納櫃，深度45 公分可收整廳區大部分雜物。。

360

玄關鞋櫃的多功能用途

考量舊有格局的穿堂煞風水問題，設計師在入口處設立獨立玄關空間。玄關除了衣物櫃與鞋櫃之外，並設置了附抽屜收納的軟墊座椅，方便進出門時可坐著穿鞋、脫鞋。

✏ **施工細節** 玄關的「天圓地方」，分別是搭配線板的圓形挑高天花，以及地坪上藍色花磚圈圍出的方形區塊。

361

圖片提供 ©FUGE 馥閣設計

361+362

玄關櫃內巧用摺疊隱藏電腦桌

屋主夫婦在家工作，一人使用 MAC 常待在餐桌辦公，一人則需有放置桌電的空間。設計師運用玄關延伸的整合收納櫃後端以設立電腦桌，也因玄關櫃體深度僅有 30 公分，書桌顯得過淺，所以利用翻桌手法增加至 55 公分，並以推拉門代替門片讓桌面達到最大深度。

🔍 **尺寸拿捏** 延伸的木作玄關櫃深 30 公分，設計師運用翻桌手法巧妙增加深度。

362

圖片提供 ©FUGE 馥閣設計

363+364

打破界限,臥榻收納創造百變空間

客廳後方原本作為次臥使用,設計師打通了客臥空間,將沙發後方作為日式臥榻區,臥榻下方不僅設計為收納櫃,沙發則精算過高度,在不使用時也能與臥榻合一,少了隔牆空間也更寬廣舒適。

造型設計 沙發側邊扶手設計了一體成型的邊櫃,幾何形狀不僅有型有款,內框開放式設計更適合放置經常取用的物品。

圖片提供 © 思維設計

圖片提供 © 齊禾設計

365

多功能臥榻，收納、餐椅、貓窩並濟

屋主夫妻和孩子與五隻貓即將在 26 坪新家展開
生活，原本屋主希望將客廳後方房間作為書房，
設計師認為空間的應用太低，因此打通隔間讓彼
此融入對方生活。窗邊臥榻除了能當餐桌椅使
用、下方還是貓砂收納。

■ 材質使用 系統櫃與木作搭配增添空間溫暖感受。

366

樓梯結合抽屜櫃，提升小宅機能

小宅既要滿足收納又希望空間能保有寬敞與私密
性，沙發後方區域採取活動拉門區隔，樓梯平台
下方產生的空間成為掛衣區，而樓梯下的畸零結
構自然衍生抽屜櫃，依照踏面深度去作分割，方
便收納貼身與各種需折疊的衣物。

■ 材質使用 樓梯踏面刷飾特殊水泥塗料，側邊抽屜
櫃體以奶茶色噴漆呈現，營造自然溫暖的調性。

367

圖片提供 © 一它設計

368

圖片提供 © 一它設計

369

圖片提供 © 一它設計

367+368+369

隱藏式小茶几，好用更好收

客廳與陽台合一的空間中，臨窗空間設計了坐臥兩用的臥榻，上掀的設計方便拿取，而配合在此處聊天放鬆的生活動線，最側處設計邊几，可隨時抽出使用，不需要時能與臥榻收併節省空間。

造型設計 實木貼皮的側邊几「ㄇ字」造形大大減輕實櫃重量，易於移動擺收，相當於一個座椅的寬度也能作為坐椅使用。

370

架高地坪起居，空間機能升級

單面採光的小坪數空間，不僅地坪寸土寸金，連光線也相當珍貴，為了避免客廳及整體格局因為房間遮擋而過度陰暗，設計師將區窗的空間打造成可坐可臥的開放式起居空間，既獨立又能與客廳緊密相連，成為房中有趣的角落。

尺寸拿捏 考量臥榻的深度與使用方便性，側邊部份設計深度 35 ～ 40 公分的抽屜櫃體，中央則以上掀櫃形式為主，讓深處的空間也能徹底使用。

371

三面牆高效擴展收納空間

10 坪左右的客廳地坪，設計師做了最大的坪效活用，窗邊沿著量體以高低差設計規劃出兼具臥榻、收納及桌椅機能的活動空間，另一牆面則以落地式櫃體收納整合，加上電視櫃體層架帶，靈活運用客廳三面牆創造最高收納機能。

尺寸拿捏 臥榻 45 公分高、桌子 75 公分高符合人體坐臥及閱讀所需高度。

370

371

372

373

圖片提供 © 構設計

372+373

用櫃體形塑美好的陽光閱讀區

樓中樓格局中，樓板以不做滿的方式保留了臨窗區域的樓高，讓這裡變成能舒適休憩的空間，特別在背牆部分設計為開放式格狀櫃體，用以收納各式藏書或展示品，沿著窗邊的 L 型區域再設計成臥榻，營造出可坐可收的多元機能空間。

■ 材質使用 搭配樓高，以梧桐木貼皮的淡色木材質打造一整面展示載體，透著自然光格展現此區的舒適感。

374

小空間裡機能櫃的大限度

8 坪的房子裡，機能櫃扮演著多元複合的角色，容量充足的櫃體，包含上下櫃、展示層板，右側還有一座落地式滑門收納櫃。櫃體台面向外延伸而出，可以是素簡乾淨的工作區書桌，也能是用餐的吧檯，打破櫃的使用框架，發揮坪效最大限度。

◎ 五金選用 為了不影響櫃旁的桌椅使用，落地櫃門片採用懸吊式滑門開啟，門片上局部小方塊挖空，讓滑門可完全開啟，同時也不須犧牲桌面寬度。

375

美式素雅小客廳，善用轉角收納

此處為樓梯旁邊的轉角空間，作為大客廳旁的小客廳，兩代之家的居住條件，可方便兩組客人時的照應與足夠的交誼空間，美式素雅的線板設計，既是座位也是收納抽屜。

◎ 尺寸拿捏 運用樓梯上來的閒置區域，佈置成次要小客廳，增加空間的坪效使用。

圖片提供 © 構設計

376

精品穿鞋櫃椅成為玄關靈魂

擁有優異採光與方正格局的玄關，讓人一回到家立即可卸下疲憊、轉換心情，為凸顯此優勢，除了引入自然窗光，並以懸空層板設計門櫃與玻璃櫃來滿足收納與展示需求，另外，訂製的穿鞋椅造型優雅與皮革質感更顯人文氣息。

⚒ 施工細節 利用簡單的幾何造型、迷人的皮革質感，與鐵件細緻的線條架構，創造了兼具收納、歇息與美感設計的穿鞋椅。

377

圖片提供 © 蟲點子設計

377

L 型臥榻電視櫃打造觀景台

在窗戶下做具有收納功能的臥榻，取代陽台觀景功能，呈 L 型延伸至電視下方成為電視櫃，窗邊臥榻採用上掀式收納，能將書報等雜物收整入內，而電視下方為抽屜式收納，可收拾遙控器、家庭藥品等小物。

🔍 尺寸拿捏 在居家客廳和臥房等空間，想有效運用坪效可於窗邊規劃一些觀景台座，為了坐臥的舒適，建議照人體工學的角度設計在 40 ～ 45 公分，寬度則依照需求設定。

378

378+379
收納型臥榻延伸為書桌與餐桌

設計師利用窗邊明亮的空間特性,在客廳區打造舒適的收納型臥榻,再延伸成為書桌與餐桌平台,連續性的設計讓單一空間場域有了更多元的運用,並計算所需動線寬度,讓行進間沒有滯礙。

🔍 尺寸拿捏 臥榻與書桌深度 40 公分為主,沿柱橫切出去的長桌也剛好讓餐廚空間有了獨立的界定範圍。

379

380

圖片提供 © 懷特室內設計

381

圖片提供 © 懷特室內設計

380+381

為喵星人打造美型居家

設計師為愛貓的頂客族屋主，打造了喵星人專屬的活動空間。有別於一般常見的層板式貓跳台，改為與電器收納櫃做整合的貓櫃，包括隱藏式貓道（可連貫兩座不同櫃體），櫃下方設置了貓砂盆收納空間以及貓咪遊戲區，創造人寵互不干擾且共享的生活場域。

■ **材質使用** 貓咪遊戲、鑽道、休息的櫃體，部分門片採用鐵網，以增加透氣性。

✎ **施工細節** 整合式貓櫃的門片設計為可活動打開型式，以便利平日清潔。

382+383

吧檯櫥櫃變身交誼重心區

考量餐廳處於天井樓梯、客廳及餐廚區三方交接處，是全家人與賓客聊天、交誼最頻繁之處所，因此，除規劃有正式餐廳格局，還加碼設計一座吧檯櫥櫃，層次交疊的桌面高度與簡單實用的櫃體機能，為此區增加不少方便性。

✎ **造型設計** 客、餐廳牆櫃雖依各區需求作不同造型與機能設計，唯在近地面處以白抽屜拉出帶狀設計，延展空間深度與氣勢。

382

圖片提供 © 伊太設計

383

圖片提供 © 伊太設計

圖片提供 © 摩登雅舍室內裝修

384+385

書架、貓跳台與貓咪的窩

鄉村風的線板腰牆,從窗台一路延伸到書櫃,成為展示層架的背板。書櫃對面則以立體浮雕壁飾打造森林意象,綠色與淺咖啡色的森林上方裝設層板,可作為書架、展示台以及貓咪跳台。

施工細節 窗邊臥榻下方設有三格抽屜收納,右側則是門片櫃,上方可作為茶几之用,下方則是貓窩,且門片鏤空,是櫃的裝飾與透氣孔。

386

TV 臥榻的多功能運用

屋主夫妻捨棄都市繁華搬至新竹郊外,為了完整窗外無限綠意,設計師特別將投影螢幕設定在臨窗處,規劃大型電視櫃兼臥榻功能,讓人坐在沙發隨時能遠眺自然美景。

尺寸拿捏 電視櫃總長 485 公分、深度 80 公分,讓小孩、大人都能作為午休使用。**材質使用** 臥榻為木作貼皮材質,板材厚達 5 公分,加上下方立板支撐,能承受小朋友蹦跳而不會有崩塌變型的疑慮。

387

臨窗當沙發也可變為客床

臨窗處沙發平時與複合大餐桌搭檔,成為屋主一家練字、吃飯的主要活動場所。調整臥榻抱枕排列後,能從沙發變身臥榻,這兒就是午憩或是客人來可休息的地方。臥榻下方為木作收納櫃體,提供大量雜物存放機能。

尺寸拿捏 總長度 347 公分的大沙發,上頭可利用不同尺寸的扶手抱枕排列組合,靈活調整座位寬度,至少能容納 5 個人坐;客人來訪也能充當臨時客床。**材質使用** 臥榻硬體結構為木芯板貼木皮,抱枕填塞高密度泡棉,能提供一定的硬挺度與支撐性。

386

圖片提供 ©FUGE 馥閣設計

387

圖片提供 ©FUGE 馥閣設計

388

389

圖片提供 ©FUGE 馥閣設計

圖片提供 ©FUGE 馥閣設計

388+389

電器櫃巧妙化身為階梯

為了讓小坪數能夠發揮最大效用，廚房的電器櫃可遙控拉出來搖身一變就變成通往二樓的階梯，完全不浪費一絲一毫空間。

🔍 **尺寸拿捏** 設計時即先確認自身的物品與需求，將東西放於對的地方，拿取方便外更節省空間。

390

廚具中島吧檯也是料理區

廚具中特別再規劃結合廚具的中島吧檯，除了區分不同料理，也讓機能相互分工。由於內含了簡易的電磁爐具與水槽，在這可作為輕食料理區使用，且吧檯尺度夠寬，做完料理後也能直接在這品嚐，減少移動的不便。

🔍 **尺寸拿捏** 中島吧檯的深度約 65 公分，但在檯面有特別加深至 85 公分，方便作為簡易吧檯之用。

■ **材質使用** 中島吧檯檯面材質選用人造石材質，美觀耐用又大方。

390

圖片提供 © 豐聚室內設計

391

架高木作臥榻，收納雜誌和書籍

選擇在景觀最好的地方設置餐廳，並於窗邊以鋼刷梧桐木規劃休憩臥榻，有別一般臥榻是直接落地，這裡的臥榻特別稍微懸空，加入椅腳設計，可淡化木材的厚重感，且臥榻下端更包含開放與封閉式收納抽屜。

🔍 **尺寸拿捏** 臥榻深度為 55 ～ 60 公分左右，比一般餐椅還深，坐起來格外舒適。

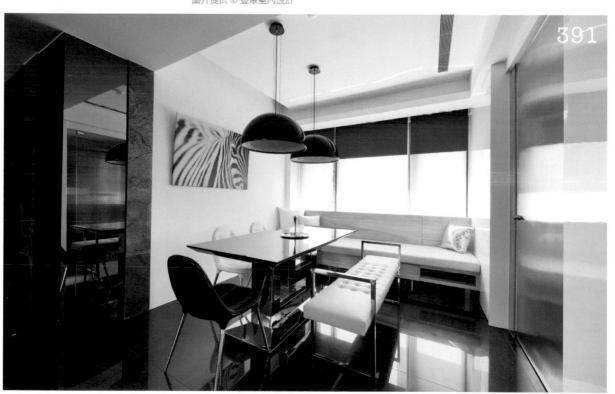

391

圖片提供@界陽 & 大司室內設計

392

392+393

多功能臥榻補足小坪數收納需求

清新簡約的主臥內以木製壁板作為床頭
半身牆，讓主臥的邊桌、書桌到臥榻融
合為一體，並結合閱讀、收納及休憩的
多元機能，而臥榻除了作為放鬆的所在
之外，上掀式設計補足了小坪數空間中
最需要的收納空間。

🔍 **尺寸拿捏** 使用木紋貼皮的上掀式收納，
長、寬、高為 60X60X40 公分。

圖片提供 © 蟲點子設計

393

圖片提供 © 蟲點子設計

394

圖片提供 © 思維設計

395

圖片提供 ©FUGE 馥閣設計

394

將電視收在衣櫃中放大空間坪效

家中長輩有在臥房內看電視的需求，但又不想影響臥房走道空間，因此將電視放置在衣櫃內，並採用門片設計完整空間印象。而下方的拉抽也方便置放摺疊衣物。

尺寸拿捏 衣櫃採用系統櫃收納符合大眾需求，而深度為 60 公分，方便收整衣物。

395

收納櫃結合床鋪讓坪效升級

位於電視牆後方的遊戲室，為了給予小朋友充分的遊戲空間，又能讓空間多元利用，因此在壁櫃中設置了一張收納床，朋友來時也能當客房使用，且因為未來打算作為小孩房，旁邊亦增加門片收納機能。

尺寸拿捏 木作收納櫃深度 30 公分，也為將來小孩房收納做準備。

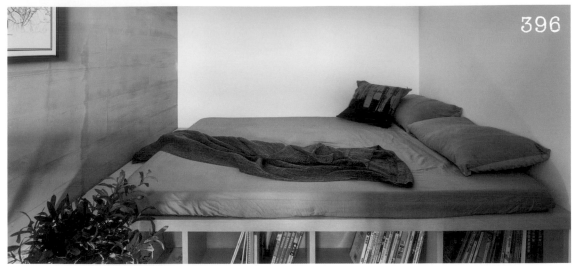

396

圖片提供 © 福研設計

397

圖片提供 © 福研設計

396+397

床鋪之下、書架之後的巧妙收納

空間受限、只能擺得下臥鋪的區域，具建築背景
的設計師親自設計床架，不僅在側邊打造方便擺
放書籍的格櫃，床底中央處的空間也毫不浪費，
以氣壓式五金掀床讓底下空間有了再利用的價
值，適於擺放棉被等季節性大型寢具。

🔍 **尺寸拿捏** 側邊格櫃針對書籍收納設計，高度與深
度約在 35 公分，適於各類書本的收納，也能放置
簡單雜物。

398+399

移動邊几恰好滿足生活機能

屋主是高齡的老太太，因行動不便以輪椅代步，
考量平常喜歡坐在此處與朋友、幫傭聊天。設計
師在窗邊設計低短的臥榻，並於臥榻之上設計邊
几，既可作為扶手、也能置物，完全不佔走道空
間。

🔧 **五金選用** 邊几加裝了「滑軌」設計，能視需要左
右平移，臥榻兩側皆設計了收納櫃體，巧妙活用畸
零角落空間。

398

399

400

圖片提供 © 甘納空間設計

400

中島吧檯，也能搖身變為收納檯

公共廳區在黑色之外，以天花板的淺藍色吊燈增添視覺亮點，並加重色階串
聯中島櫃體，而中島櫃體增設收納層架，放大空間的收納機能性；深色空間
框架下，傢具軟件以灰、黑與藍呈現，小物件如抱枕則提高彩度與圖騰設計，
注入輕快節奏。

■ **材質使用** 窗簾布料同樣依循藍色主調，彩度拉高一些，揉合了黑色餐桌、灰
藕色沙發的低調氛圍。

圖片提供＠樂創空間設計

圖片提供＠新澄室內裝修上作室

401

井然有序，我的模型展示屋

臥房分成四大展示與收納區塊，左方長型功能桌，可當書桌同時作為床頭；洞洞板的層架，大小長短各有不同，保持展示與應變的活用性；而床組下方的抽屜可收納大量雜物；右方展示空間，則擺放屋主最喜歡的機器人模型。

施工細節 半穿透性的隔板，讓擺飾的規格保有彈性，隔板區間，方便做系列展示。

402

孝親房床頭兼端景，午憩好放鬆

預留和室空間當成親子遊戲室與孝親房，上方為衣櫃、下方做收納，中段鋪床後可作為床頭之用，內側有開放式行展示空間、和室的地板下方保留收納用的抽屜，方便和室外即可使用，怎麼收都適合。

施工細節 和室空間蘊藏大量多變的收納規格，齊頭式的衣櫃，下方抽屜可當床頭，藏於地面下的收納抽屜，深度達 70 公分深，大量雜物收納也不擔心。

圖片提供 © 優士盟整合設計

圖片提供 © 森境＋王俊宏室內設計

圖片提供 © 工一設計

403

房間雖小，櫃體讓收納機能俱全

考量閱讀時需要無干擾的空間，設計師運用此處的畸零空間打造獨立書房，單一牆面中以各種形式櫃門和抽屜規劃完整的收納空間，同時也在臨窗區域設計了方便坐臥的臥榻，提供客人來訪時能臨時住宿的場域。

🔍 **尺寸拿捏** 深度 60 公分的展示層架盡頭處有頂天高櫃，可收納大型物件，而臥榻下方亦有抽屜不浪費空間。

404

雙動線的多角度化妝檯

主臥中一座半開放式的懸吊櫃體，除了具備收納功能之外，還能拓展延伸成為電視櫃牆以及化妝檯。左側懸吊壁面增設玻璃層板，收納化妝品等瓶罐，上方則以框架式的黑色鐵件固定，讓空間前後視線不受阻隔、減低侷促感。

✏ **施工細節** 化妝檯以側邊做為懸吊固定之處，中間保持透空，讓使用者可站在不同位置，雙邊皆可使用。

405

櫃上加張床板就搖身變客房

此案因為家中採光問題與成員尚未確定，因此將客廳後方的房間格局打開作為多功能室使用，平常為書房閱讀區，客人來時則關上拉門當客房使用，因此在右邊櫃上加設一張可收納的床板，其他則施以門片收納家中雜物。

■ **材質使用** 櫃體採白色木皮烤漆達到視覺放大。

406

圖片提供 © 伊太設計

406

倚窗臥榻，享浪漫還能收納

臥房是許多人在居家中停留最久的區域，因此，除了床鋪與收納設計，能否再增加一些情趣設計，其中窗邊觀景臥榻是很多人指定配備。此案例除在臥榻上增加類似茶几功能的小桌，下方也設計置物抽屜，讓空間絲毫不浪費。

■ 材質使用 床尾規劃有拉門式更衣間，搭配鐵件橫向線條的造型門片，讓臥房整體的設計感與收納機能都相當足夠。

407

408

409

圖片提供 © 寓子設計

圖片提供 © 豐聚室內設計

圖片提供 © 森境＋王俊宏室內設計

407

個性化的切角造型書桌櫃

尚在就學的青少年臥房，設置一角作為讀書和打電腦的區域，灰白木紋櫃體，以三角缺口造型門片，搭配咖啡色台面，凸顯出個性化的風格書桌。另一側靠近門口的櫃體主要收納衣物，上下櫃門片各以切口和導角，作為開啟門片的隱藏把手。

↗ 施工細節 書桌下方角落櫃內較不易取物的位置，規劃成電腦主機置放區，櫃內附設插座可收整較雜亂的電線。

408

臥榻兼沙發，機能一物多用

書房坪數小，為了善加運用坪效而配置兼具沙發功能的臥榻區，同時還鋪上了軟座墊，讓坐或躺都相對舒適。且善用設計手法加上空間的概念，下方增加收納機能，讓臥榻能夠一物多用、功能好實在。

⊕ 尺寸拿捏 臥榻尺寸長約 150 公分，寬約 60 公分，足夠小朋友坐或是躺臥使用。

■ 材質使用 增加軟墊與抱枕，坐起來柔軟舒適。

409

貼心的雙向床頭櫃佈局

臥房在格局安排上別出心裁，將床頭櫃以石材延伸出一座兼具盥洗與化妝檯機能量體，靠近床的一側，挖鑿出一條帶狀小凹槽，可放置睡前閱讀的小書或手機小物等等。床頭櫃也巧妙地與後方衣櫃牆，圈圍出獨立更衣間。

↗ 施工細節 透過特殊的管路安排，將盥洗台的出水口隱藏在懸吊鏡櫃之中，床頭櫃中段淨空，創造輕盈無壓之感。

410

圖片提供 © 寓子設計

410

高地板的收納讓坪效大利用

9 坪的空間中,以木質架高地板做為公私領域的分界,同時此架高區不但具有床架功能,下方也作成收納抽屜。壁面鋪陳藍灰黃三角色塊,其中的黃色延伸至床頭板、床邊展示架與抽屜面板,將空間妝點得朝氣活力。

🔍 **尺寸拿捏** 架高地坪以 25 公分的高度,方便腳步上下,同時空間也足夠設置抽屜收納。↗ **施工細節** 架高地坪轉至電視機前,可當作座椅或臥榻角落,右側方格內並設置一個黃色凹洞,是專為屋主毛小孩設計的小窩。

411

圖片提供 © 蟲點子設計

412

圖片提供 © 蟲點子設計

411+412
臥榻形式活化空間收納機能

房間為了不使用床架並想增加更多的收納空間，而採臥榻形式，前方為抽屜式、後面則為掀蓋式收納，可置放換季衣物、棉被等少頻率拿取的大型物品，即使後來放上床墊也不會造成影響。

↗ 施工細節 牆內使用活動層板，可依照放入物品的需求自行改變高度，讓機能增加多功能性。

413+414
榻榻米床架暗藏收納空間

鵝黃色系壁面，搭配架高地坪做成榻榻米床架，打造和室風格長輩房。架高床架的底部暗藏收納空間，靠近走道前端是滑輪大抽屜，中間則為大格的上掀式收納櫃，以內嵌的平面隱藏把手開啟，可收納大件物品或棉被寢具。

↗ 施工細節 木地板床架邊緣為有厚度的收邊，當鋪上榻榻米後，可讓整個床架與榻榻米維持同一個水平面高度。

413

414

415

雙面櫃體延展書桌，創造多變趣味

臥房內採雙面櫃劃分機能，並由櫃體延伸創造書桌傢具；桌腳利用不鏽鋼與
玻璃做為支撐，搭配 LED 燈光，創造多變趣味的空間感。

↗ 施工細節 櫃體採取鐵件噴漆，大理石桌面則先以木作打底做出雛形，木作與
鐵件進行結構上的接合，讓石材桌面有懸浮般的效果。

415

圖片提供@界陽 & 大司室內設計

圖片提供 © 豐聚室內設計

圖片提供@界陽＆大司室內設計

416

充當收納櫃，也可坐可休憩

臥床旁規劃臥榻區，可當椅子坐也可以在這小憩，臥榻底下結合了收納設計，拉開抽屜就能收納相關生活物品，利用空間也讓使用機能滿載。

◎ 五金選用 下方抽屜式設計，門片上加了銅質的五金把手，讓整體有型也更好開啟。**■ 材質使用** 木紋色的系統板，與床頭背板的木皮相互呼應，美耐皿的面材便於整理與清潔，提供美觀及耐久等特點。

417

櫃子裡藏床，客房隨之而來

坪數有限，為讓友人留宿方便，採取在櫃子裡藏一張床。以木工訂製＋掀床五金的結合，櫃子往下拉就能有床舖的功能，不用時又能完全收起，節省空間使用。

◎ 五金選用 掀床搭配義大利進口掀床五金，品質相對穩定又安全。

418

418

童話孩子房，床的樓梯也是抽屜收納

像是童話哈比屋的圓拱型臥房門以及木質窗戶門板，搭配愛心小把手、壁面手工彩繪，對孩子而言如同童話世界。臥房以上下鋪規劃床架，床的樓梯也是抽屜收納，躺在床上抬頭望向天花，則能欣賞有如雲朵與月亮造型的燈飾。

🔧 施工細節 臥房入口有片磁性黑板牆，可讓孩子隨興創作塗鴉。

419

420

圖片提供@界陽＆大司室內設計

419

架高地板兼具床架與收納

僅僅 15 坪左右的小宅空間，既得考量未來增加家庭
成員的使用，加上臥房面臨斜角結構也難以運用，因
此設計師採取架高地板的手法，成為床鋪用途，使坪
效大幅提升，而除了外側包括抽屜櫃之外，床鋪下亦
隱藏九宮格的上掀櫃。

尺寸拿捏 架高地面高度約 20 公分左右，增加收納亦
可做為座椅使用，抽屜深度大約是 35 ～ 40 公分。

420

臥榻下藏單人床，增加空間坪效

客房內的臥榻不僅是休憩用途，還須具備客房的機
能，因此設計師特別將臥榻深度放寬至 90 公分，符
合單人床的尺寸，搭配臥榻下還可以再抽拉出一張單
人床，一次睡兩個人也沒問題。

五金選用 由於此臥榻深度達 90 公分，下端抽屜訂製
加長軌道，方便拉出使用。**材質使用** 臥榻與拉出的
單人床墊皆採訂製泡棉＋皮革，不用再鋪床墊就好睡。

421

422

圖片提供 © 采荷設計　　　　　　　圖片提供 © 采荷設計

421+422

上掀式收納櫃既為床鋪又當椅子

屋主喜愛露營，所以希望設計師規劃收納帳篷的空間，而帳篷高度高出衣櫃許多，於是設計師訂製上掀式的單人床，下方便可擺放。另外床下方與書桌、書桌上方櫃體以及衣櫥均使用同一色系，形塑整體沉穩安靜感。

🔍 **尺寸拿捏** 為了節省空間，以床邊代替椅子，所以配合床的高度與使用舒適度來訂製書桌高度。

423

矮櫃也能隨性而坐

設計師在窗邊設計矮櫃而非臥榻，主因是屋主喜歡隨性席地而坐或坐在櫃子上，喝茶看書或打電腦，所以矮櫃上方並沒有軟墊，方便放置茶杯與茶壺而不致打翻。下方設有兩個插座，方便屋主使用電腦。

■ **材質使用** 實木手染綠色的抽屜與原木色櫃面做跳色搭配，而實木手染藍色格紋壓條也具畫龍點睛的效果。

423

424

寧靜溫馨的北歐風雙人書房

透天別墅內的大書房可供兩人同時使用。首先,將書桌作一字型規劃,並在二桌中間以下櫃來區隔雙邊,也方便放置電腦設備等;至於上櫃則設計為展示收納櫃,再以灰色櫃門與黑桌面作跳色,既防髒也顯設計感。

☀ 燈光安排 在上櫃的下端特別嵌入柔和光線,以不刺眼但足夠亮度的光線為閱讀空間增添紓壓的柔性氛圍。

424

425

圖片提供 © 摩登雅舍室內裝修

圖片提供 ©FUGE 馥閣設計

425

學習書桌，讓收納變容易

屋主希望替未來的小孩房預先保留學習空間。書桌櫃體上層為隱蔽兼展示雙拼、中段以端景展示概念呈現、下層的深度則可擺放整個桌面的書籍，最後保留抽屜做雜物擺放，功能齊全。

■ 材質使用 無印概念的木與白，讓視覺整體乾淨舒適。

426

萬用櫃體讓生活添趣味

結合餐桌、休憩、收納的萬用機能櫃，用餐時是小孩們的餐桌坐椅，平時是遊戲與午睡小憩場所，平檯下方和階梯部分都可做收納，旁邊的鏡牆則有磁性，可在上面 MEMO。

⊕ 尺寸拿捏 和室下方的收納高度多會配合人體工學，讓我們可伸腳下去或是延著邊坐時能夠更舒適，建議深度為 40、45 公分；寬度則建議為 60 ～ 90 公分方便物品拿取收納。

427+428

親子臥榻，暗藏收納玄機

開放式書房臥榻，書桌與臥榻中間保留孩童最愛的遊戲空間，臥榻則採用一加二的組合，一為上掀式收納，與遊戲空間不衝突，二為抽屜型收納，專門收納孩子的玩具與童書。

↗ 施工細節 一加二的臥榻收納設計，上掀式的收納，適合擺放軟質可壓的物品；抽屜式收納，則擺放硬物收納。

427

428

圖片提供 © 懷特室內設計

圖片提供 © 懷特室內設計

圖片提供 © 懷特室內設計

429+430+431

如樂高般的自由組合櫃

20 坪的房子是屋主一家的度假休憩宅，以開闊格局、活動隔間，期望能在空間中增加互動性。單寧藍的活動拉門壁面，設計了可向下折收的書桌板，搭配兩座同色、移動式的臥榻櫃體，排列成一字型、L 型，或兩片對合變成一張小床，依使用需求隨意變化。

🔘 **五金選用** 臥榻櫃體上下皆設計了格櫃與抽屜收納，立面並開了一個滑軌窗戶，打開便能欣賞綠意窗景。

432

櫃體下藏桌子、座椅，小空間大機能

12 坪的小坪數老屋改造，一進門左側看似完整的櫃體，實則包含鞋櫃、置物櫃等多用途，以鐵件結構劃分的部分，更是可活動式的座椅＋收納櫃，同時還包含一張桌子可使用，為小宅發展出許多意想不到的機能。

■ 材質使用 以屋主喜愛的度假氛圍為主軸，選用白橡木、胡桃木、又木三種木皮作拼貼，搭配雙色文化石牆面的搭配，賦予如峇里島般的自然風情。

432

圖片提供 © 齊禾設計

CHAPTER
5 風格形塑篇
·························

圖片提供@樂創空間設計

圖片提供 © 合砌設計

433
實木貼皮讓空間增添溫潤風貌

木素材通常能呈現溫潤厚實的質感，底材多為木心材或密底板表面再貼上實木貼皮，而為了帶出更多木材質的觸感紋理，許多人會在厚木貼皮上再搭配所謂的「鋼刷」處裡來加深木皮表面的紋路，甚至營造「仿實木」的質感。

434
用鐵件形塑復古質感與粗獷風貌

質感細緻的鐵件，勾勒細膩而明確的線條質感，常用於櫃體門片的收邊設計，並搭配簡單的仿舊處理，增加復古質感或是營造工業風格；且作為鏤空網架也讓櫃體保持通風，具實質使用性。

恰如其分的運用不同的材質表現，或讓櫃體本身的線條或造型，增加空間內的美麗風景，讓櫃體的外觀不再只是制式呆版，而是形塑出北歐風、鄉村風、現代風至工業風等氛圍，讓居家空間展現出個人品味和特色。

圖片提供@新澄室內裝修工作室

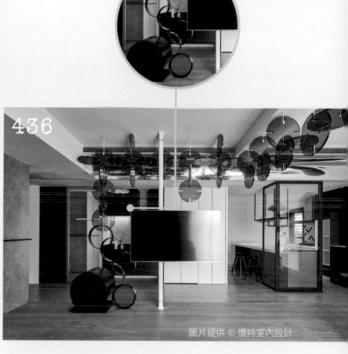

圖片提供 © 懷特室內設計

435

簡潔幾何圖形呈現現代與北歐風

運用簡潔或幾何圖形為主所設計的櫃體造型，摒除繁複與多變的線條感。特別是設計上，會在色彩與呈現出設計感上多作著墨，讓空間呈現現代與北歐風格，而孔洞的設計造型也能拼貼出一番童趣。

436

不規則、不對稱的裝置藝術櫃

為了收納展示更為突出，也可選擇不規則、不對襯的櫃體設計，例如書櫃可做不規則的大小隔層，不僅美型，也更好收納；或數個圓圈交織出的黑色鐵件電視櫃，搭配旋轉電視架，而鐵桶內能收納視聽設備。

圖片提供 ©LoqStudio 珞石設計

437

鐵網、金屬展現櫃體的剛性味

空間偏向於 Loft 風格,因此,設計師在玄關區分別配置了不同形式的展示櫃,一邊是系統櫃搭配鐵網材質,另一邊則為木作結合金屬的現成展示架,成功透過元素與風格產生另類的連結,也做到滿足屋主生活配件、鞋子的收納需求。

■ 材質使用 鞋櫃本體為系統櫃,因門片可任何搭配,設計師選購與風格相近的鐵網材質,讓整體更具一致性外,藉由其鏤空特性能產生通風效果。

圖片提供 © 蟲點子設計

438

櫃體不同材質的白，展示北歐風情

玄關處及客廳電視牆，以櫃體造型和溫潤的文化石串聯動線連續性，白色空間透過烤漆、格柵、石材等豐富的材質搭配，化身具有層次的北歐風格，而玄關處則利用凹凸造型隱藏電箱且與電視櫃取得一致性。

■ 材質使用 白色烤漆電器櫃利用格柵設計方便透氣與遙控，並展現空間風格。

439

自然風格燈櫃，收服全室目光

經由廊道式玄關進入室內，第一眼見到的，是左牆面溫潤木皮立面所鋪陳的複合式牆櫃，除了有門櫃提供玄關區鞋物收納，緊接著開放展示櫃藉由投射燈導引視線，讓人可飽覽屋主收藏，同時也成為大廳與餐桌區最佳端景櫃。

■ 材質使用 直向紋理的木門櫃有拉高空間效果，同時透過仿貴木的自然紋理，更強調樸實自在的生活質感。

圖片提供 © 頑渼設計

440

灰階花磚與幾何櫃體打造簡約北歐

屋主夫妻喜愛通透明亮的空間，因此設計師利用自玄關延伸至客廳電視牆的灰階花磚，打造豐富且富於層次的端景，並搭配白色幾何電視牆設計和收納櫃體，形塑簡約北歐風格。

■ 材質使用 幾何電視收納櫃搭配灰階花磚成現代色彩。

圖片提供 © 思維設計

441

444

圖片提供 © 奇逸設計

圖片提供 © 森境＋王俊宏室內設計

442

圖片提供 © 天涵空間設計

441

鈦金屬線條提升精緻質感

玄關區利用灰木紋大理石立柱與地材的
劃分，與客廳做出區別，主要提供鞋子
收納使用的櫃體，採暖灰色噴漆處理，
並透過垂直水平的線條分割，加上懸空
設計，創造出輕盈的律動感，也成為整
體空間主題的延伸。

■ **材質使用** 櫃體上利用鈦金屬作出不對稱
的線條，有些是取手、有些則是裝飾語彙。

442+443

複合媒材賦予空間無限想像

如同黑色大樹伸展的裝置，它是空間界
定，也是實用傢具，更為展現居家風格
的藝術設計。靠玄關側的下方平台可作
為穿鞋椅，上方則是放置鑰匙物品的玄
關桌。另一側 L 型圈圍出書桌，桌側下
方並設有放置電腦主機的區域。

● **造型設計** 以鐵件做為骨架，表面材質結
合木皮、金屬沖孔版、鏡面、特調景觀漆
等多元材料。

443

圖片提供 © 天涵空間設計

445

圖片提供＠新澄室內裝修工作室

444

流線曲折創造隱性屏風

空間右側為入口大門，為保有空間開闊且不讓光線受阻，因而捨棄玄關牆的設置，設計師在玄關櫃至電視櫃帶狀延伸的櫃體之間，以弧狀折起的流線造型，達到有如小屏風般阻隔視線貫穿的效果，讓空間設計達到採光、風水和美感兼具。

■ 材質使用 以木作打造大面積延伸櫃體，下方不落地，裝設間接照明，讓視覺更顯輕盈。

✎ 造型設計 如小屏風曲折之處，加上一個圓柱狀小台，成為擺放藝品的端景。

445

一櫃三用，美式風多機能收納

解決入門因距離問題，無法獨立製作玄關櫃的困擾，整面低彩度的木紋櫃，兼具電視櫃、鞋櫃、展示櫃等機能，另外，水泥木紋磚背牆與之融合，充分體現美式風格與建築本身呼應的質感居家。

■ 材質使用 運用調色木皮與直橫不一開口的細節，讓櫃體個性化，再與清水模概念的木紋磚跨足電視牆與門邊，使玄關櫃與電視櫃的概念連成一氣。

446

圖片提供 © 一它設計

447

圖片提供 © 一它設計

446+447

弧度櫃體讓空間風格更柔和

開放式的客廳空間，順著樑線隔出沙發
後方的空間，作為小朋友平日看書、寫
作業的場域，為了不想讓空間過於嚴肅，
設計師將頂天立地的大櫃體調整為有趣
變化，橫直層板多了一點內凹弧度，也
讓這一方小空間增添童趣。

造型設計 櫃體風格有時也能作為空間的
區隔，藉著內凹弧度變化創造環境氛圍的
差異，是最巧妙也最省空間的界定手法。

448

善用展示櫃，創造日式鄉村風

空間定調為屋主喜愛的日式鄉村風格，
為了呼應風格中生活手感的味道，除了
電視櫃，另在他牆的一隅擺放了一座梯
形置物架，以及展示櫃，除了擺放生活
蒐藏，也能在上頭擺些綠意植物，強化
風格生活，引領自然感受。

材質使用 在櫃體的材質使用上多以木元
素為主，為了能更貼近鄉村風格調性。

449

磅礴櫃體展現現代簡約空間

此案以現代簡約作為設計概念，客廳以
三個大型黑色柱體展現磅礴氣勢，最右
方為電器櫃，下方把手部分以不鏽鋼收
邊展示俐落，而柱體中間則以玻璃拉門
串聯，讓客廳與書房空間具有穿透感也
能阻絕干擾。

材質使用 櫃面以薄片磁磚打造有如黑色
石材效果，旁邊則用素色襯托紋理。

448

圖片提供 © 十一日晴空間設計

449

圖片提供 © 工一設計

圖片提供 © 采荷設計

圖片提供 © 甘納空間設計

450

營造鄉村風原木櫃體不可少

客廳營造鄉村風，除了沙發、茶几是原木材質外，電視牆則以不規則石片拼接出，電視矮櫃與左方展示收納櫃以原木色系做整體空間的形塑，電視牆上方也用實木打造展示區，擺放屋主從各地蒐集的紀念品。

施工細節 狹長型的電視矮櫃以兩種顏色搭配，除了代表抽屜與把手式拉門兩種收納方式外，局部雕花也為櫃體視覺焦點。

451

鐵件木皮打造 LOFT 風書櫃

餐桌是此家人生活的中心，不論是朋友聚會或日常的閱讀活動都在此進行，而身為智慧財產權律師的女主人擁有許多藏書，因此在餐桌後方以鐵架與部分木質門片打造 LOFT 風的收納書櫃，另外在餐桌上方的鐵件掛起露營煤油燈與植栽，形塑出另番自然風采。

材質使用 鐵件書櫃搭配具有木頭結眼的收納門片 LOFT 風格十足。

452

以櫃體活化畫面、避免呆板

不同於單純以石材為主的電視牆，設計師採用不鏽鋼、鐵件及石材等建材確立主牆的器度質感，並於右側增設層板櫃，另外，下方可作視聽電器收納或擺飾的機動空間，讓電視牆櫃兼備多元機能與風格展現，也更靈活、實用。

材質使用 整個電視牆雖以深色石材為主軸，但因搭配亮面不鏽鋼與開放層板櫃等設計，讓畫面提亮且變得輕盈。

452

453

嶇崎石牆櫃貼出自然風格

客廳主牆向來是居家風格的重頭戲,設計師以石皮為主鋪出自然休閒的生活風格,再搭配鐵件與實木作出層板櫃,可陳列屋主的收藏、書籍及風格小物。另外,沿著主牆並發展出餐桌、壁面酒櫃等為屋主量身訂做的生活傢具。

■ 材質使用 立體感的石皮在空間中散發出自然氣味,為都會居家帶來紓壓與療癒效果,搭配實木與鐵件則強化自然現代風格。

453

454

455

454+455

粗獷實木注入漂流藝術美

將原本客廳後方的小房間隔間牆取消，再利用半高的電視牆重新安排生活動線與格局，讓電視牆後方增加一處半開放的書廊空間，也讓書房區更為隱密。而電視牆背後規劃有書牆，與對面泥色牆與木藝裝飾空間恰成呼應。

材質使用 半高的電視牆櫃與天花板大樑上下對應，卻又不會太封閉，而左下方融入粗獷實木板則讓方正量體增加藝術感。

456

圖片提供@尚藝室內設計

456+457

不鏽鋼與漂流木，撞出工業風

不鏽鋼亂紋面的電視收納櫃、裸露的天花板、類漂流木的實木牆面，三者結合形塑工業風格的輪廓，然而電視牆後隱藏著大量拍拍門的收納空間，保留風格又兼具機能。

■ 材質使用 不銹鋼亂紋面偏向現代感、類似漂流木的實木牆面帶有休閒味道，兩者對比衝突，碰撞出耐人咀嚼的美感風格。

457

圖片提供@尚藝室內設計

圖片提供 © 懷特室內設計

圖片提供 © 懷特室內設計

圖片提供 © 懷特室內設計

458+459

雪花積木片般的裝置藝術櫃

期望給孩子更寬廣開闊的活動玩耍空間，打破制式實體隔牆，改以天花設計隱約擘劃出區域界線。從孩子常玩的雪花積木片為發想概念，打造天花與裝置藝術般的電視櫃，透過圓形黑色透明壓克力片，一片片拼組，再從天花折下，與立體、圓圈型的透空鐵件電視櫃銜接結合。

造型設計 數個圓圈交織出的黑色鐵件電視櫃，少了尖銳角度，更能確保孩子活動的安全，搭配旋轉電視架，左下鐵桶內可收納視聽設備。

460

鷹架式結構呈現率性陽剛

電視牆開放式收納層櫃，以生黑鐵原貌以及鷹架結構造型，呈現工業風的直率、剛硬個性，管件交接處並搭配金色鐵管，在冷冽中增添復古色調與細節層次，下方收納櫃門片則搭配金屬沖孔版，呼應工業風格也便於視聽設備電器散熱。

材質使用 右側的大型收納落地櫃，採塗料乾刷方式，作出仿舊斑駁的復古質感，能與工業風個性完美混搭。

461

如鞦韆般從天而降的工業風櫃體

打破傳統隔間方式，客廳後方以上收式捲簾（天花黑線條區域）隔出彈性的機能空間，這裡能是書房、閱讀休息區，放下捲簾後也可為客房使用。灰色樂土牆前的鐵櫃、懸吊櫃、層板可供置物之外，倒ㄇ字型的鐵架，也讓使用客房的親友吊掛衣服之用。

造型設計 具工業風質感的白鐵櫃，上方採懸吊櫃搭配黑鐵件，彷彿大大小小的鞦韆從天而降。

461

462

用黑襯托出背景的高亮度

篤信風水的屋主期望居家空間能有明亮感受，設計師在客廳主牆材質上，以銀箔作為背景，搭配安格拉珍珠大理石，製造明亮感受。右側則以鐵件打造線條感的展示層架，色彩上則以黑色烤漆，運用對比方式襯托出主牆銀箔、石材的高亮度。

造型設計 由天花設計可看出客廳與過道的隱性界定，黑色鐵架的位置配置，正是走道盡頭收邊，搭配照明，讓展示架成為空間最佳端景。

462

463

464

圖片提供 © 摩登雅舍室內裝修

463+464

鄉村風壁爐與西洋寫字桌

從上至下包括櫃體、傢具、百葉窗、天花格柵等，皆以純白色調鋪陳，空間流露著一股清爽淡雅。線板裝飾的美式鄉村風格電視牆，仿壁爐造型櫃體，可收納視聽器材，且搭配斜角度配置，坐在任何位置，皆能清楚觀看視野。

■ 材質使用 壁爐電視櫃左側是兼具書桌機能的櫃體，以仿古董西洋寫字桌、抽拉式桌面設計，不用時可將桌板關起，讓空間保持素淨。

465+466

清新薄荷綠的北歐氣息

以「鑿壁取光」方式，將客廳與臥房之間的實牆改為清透玻璃隔間，讓位於空間中軸線上的書桌與餐廳，能享有豐沛自然光線。清新薄荷綠的大型門片後方，是深度足夠的儲藏櫃，可放置大家電或行李箱等物品，斜切櫃體角度，讓行走動線更流暢。

✎ 造型設計 餐桌旁的格櫃與書桌旁的收納櫃，以白色層板搭配薄荷綠背板，強化出色彩整體性。

465

466

467

467+468

北國屋舍印象的造形收納

為保留建築本身得天獨厚的多面向採光，讓室內展現溫暖休閒感，決定捨棄高牆式電視牆設計，改以造型矮櫃補強收納，讓更多自然光得以進入室內。而白色矮櫃或高或低、或前或後，就像北歐國家中白雪皚皚覆蓋房屋縮影。

↗ 施工細節 不做電視高牆的設計後，改採旋轉電視的支架，並將之鎖在木作包覆的柱子上，其中管線沿著柱內跑到旁邊的矮櫃，保持空間的簡潔。

468

469

圖片提供 © 摩登雅舍室內裝修

469

品味南法生活的美學意境

客廳主牆的文化石磚、壁爐造型櫃,以及圓拱層架、童趣擺飾,與沙發背牆的花鳥壁紙對映成趣,揉合法式鄉村風與南歐地中海的居家元素,重新詮釋出淡雅又療癒的美型空間。客廳不裝設電視,而是改由隱藏在天花的投影布幕打造家庭劇院。

造型設計 造型壁爐上方以泥作塗抹打造煙囪形狀,中央做出門片收納、下方平台則可放置音響設備,擺上裝飾用的燃木堆,能讓壁爐更具真實感。

圖片提供 © 知域設計有限公司

圖片提供 © 豐聚設計

470

蜂巢造型展示櫃成牆面特色焦點

客廳電視牆以淺綠色為主調,設計師為
了讓其更有變化,藉由線條設計佐以木
作方式,加入蜂巢造型的展示櫃體,獨
特造型成為場域中的視覺焦點。一旁所
選搭的時鐘也呼應其造型,讓機能與整
體美感能兼具。

造型設計 蜂巢造型櫃體,其深度約 15
公分,用來擺放小型蒐藏飾品。為突顯設
計所以在背景色做了點處理,分別加入黃
褐色與灰色,透過色彩讓櫃體更立體。

471

木底白櫃讓北歐風渾然天成

運用暖調木皮與白色基底作為主軸,為
喜歡自然北歐風格的屋主打造出溫馨居
家,尤其在餐廳中可見到一座木底白櫃
的餐櫃設計,除了在不同高度因應需求
作出門櫃、層板、檯面與抽屜櫃等設計,
懸空的櫃腳也更顯輕盈感。

施工細節 在檯面區特別配置有插座,讓
這裡也可以成為小家電的使用區,而整個
餐廳也增加植物綠意來凸顯自然風格。

472

十字燈光書櫃,營造療癒氛圍

將沙發後方兩扇落地窗中間規劃為儲藏
櫃與展示櫃的區域,利用石紋石英磚搭
配鐵件燈設計,創造出十字交錯的立體
造型,再搭配層板設計展示櫃,讓燈櫃
形成整個家最聚焦的創意主牆,同時也
成為客、餐廳重要的端景。

造型設計 運用鐵件架構出十字意象圖
騰,再藉由燈光創造立體厚實感,搭配深
色背景成為走道與餐廳的焦點。

472

圖片提供 ⓒ 知域設計有限公司

473

原木展示櫃帶出北歐風的質樸與自然

空間定調為北歐風，為讓餐廳區有屬於自己的收納與展示處，利用木作在空間裡做一道餐櫃，上半部為開放形式，並選用木素材，呼應北歐風格調性；下半部則為封閉形式，結合抽屜與門片，深度達 45 公分，可用來放置生活物。

🔍 **尺寸拿捏** 開放式櫃體為配置不同深度尺寸，上層深度約 35 公分，可擺放冷水壺組、玻璃收納罐等；下層深度約 20 公分，用來展示所蒐藏的咖啡杯組。

473

圖片提供 ⓒ 豐聚設計

474

圖片提供 © 奇逸設計

475

圖片提供 © 十一日晴空間設計

474

用色彩、造型勾勒東方語彙

餐廳領域以深色木紋打造結合展示與收
納的櫃體，由東方語彙的設計作為延伸，
櫃體門片採圓形開口，搭配帶有東方意
象的紅色元素，散發濃厚的中式色彩，
也讓收納更有獨特風格。

■ **材質使用** 櫃體內部皆為鐵件打造的規律
性格櫃，側邊結合燈光投射，使立面具豐
富層次效果。

475

無印風格的生活道具展示區

由於屋主收藏許多生活道具，因此在餐
廚區利用開放吊櫃，可兼具展示和收納
用途。再加上屋主喜愛無印風格的調性，
餐桌、椅凳和吊櫃皆選擇溫潤木色，同
時運用現成椅凳的造型，配合置物籃，
收納小物更便捷。

🔍 **尺寸拿捏** 吊櫃採用兩層的收納符合生活
道具的高度。無印良品的椅凳和收納籃，
尺寸一致化的設計，讓收納更為簡潔俐落。

476

典雅美式風，形塑廚具之美

本建築屬巴洛克式風格，室內設計同與
之呼應，木紋磚人字貼的廚房地板、櫃
體採美式風格的線板繞框以及毛玻璃收
納半隱蔽收納、開放式層架，典雅溫馨
又有強大的收納機能。

■ **材質使用** 細紋理的人字貼木紋磚，展現
溫潤細膩的質感，同時符合台灣海島型氣
候；美式風格的線板繞框更顯細膩。

476

圖片提供@新澄室內裝修工作室

477

在家打造一座親子樹屋

以自然又環保的松木合板材質，做出樹屋造型櫃，右側如同大樹樹幹一般的落地高櫃，側面是可收納家電的電器櫃；中央為結合上下收納的座椅，側邊挖出一個圓弧造型孔洞，小朋友能在這裡看故事書、停留、穿梭，成為最棒的親子空間。

■材質使用 櫃體的座椅背牆，以幾何圖案、圓點等不同圖案的花磚，拼貼出童趣感。**■造型設計** 樹屋造型的櫃體上方不做滿，而是以層板象徵枝椏延伸，並作為盆栽或書籍收納的開放層架。

477

圖片提供 © 寓子設計

478

478+479

把星際大戰場景搬回家

將酷炫的星際大戰電影元素，如「光劍」變身為餐廳吊燈、櫃體門片把手，另外以灰白黑為背景，運用星戰電影中經典鮮明的色彩作為家具、櫃體配色，如鮮黃色收納吊櫃、亮紅色餐椅等，讓人感受到一股強大原力。

造型設計 收納櫃白色門片特意做出不規則黑色槽縫，像是經歷星戰的裂隙，格櫃與層板則可展示屋主為數不少的星際大戰收藏品。

479

圖片提供 © 摩登雅舍室內裝修設計

圖片提供 © 森境＋王俊宏室內設計

480

復古方塊磁磚，納入歐風古典櫃

屋主本身對於收納的要求十分嚴謹，因此在餐廳牆面以小型的復古方塊磁磚作出拱門造型，納入歐風的古典語彙後，便分別依照不同物品規劃區位。不論是杯、盤，甚至紅酒的收納隔板尺寸，都需符合收納物件的尺度，保持井然有序的居家風貌。

◎ 五金選用 中央特意設置可抽拉的酒櫃，滑軌的設計好拿又好用。

481

混材運用，美型收納空間再進化

客廳後方的收納牆面以石皮裝點，搭配長型木板打造出的展示層板，下方還有木頭紅酒櫃；沙發背牆可擺放相框、書籍等較輕型的物品，大型展示物如雕塑品或花瓶等，則放置在黑色鏡面牆旁邊的展示櫃。

◎ 造型設計 黑色鏡面旁增設大型展示櫃，讓整體空間美型收納機能更為完善。

圖片提供 © 一它設計

圖片提供 @ 德本迪室內設計

圖片提供 @ 德本迪室內設計

482

鏤空式櫃門設計，讓風格機能兼具

配合屋主喜愛偏粗獷的 Loft 美式率性風格，臥房衣櫃以內嵌式的設計，先去除櫃體邊角的存在感，再以工業風元素中常見的鐵件網片為靈感，作為衣櫃的造型門片，不僅讓本區風格立現，鏤空網架也讓衣櫃保持通風，具實質使用性。

■ **材質使用** 黑色鐵件與水泥床頭背牆完全展現工業風的個性美，考量櫃體深度，衣物以正面方式吊掛，充分利用內嵌空間，也讓衣物得以展示。

483+484

選對櫃體線板，古典風立即展現

屋主偏愛古典風格的高雅，設計師將櫃體線板置入了圓形、橢圓、直條的元素，讓古典風格的高雅與活潑感可以並現；在大量的衣櫥空間旁，還有一處隱藏式衛浴門，讓臥房更顯雅緻。

✎ **造型設計** 屏除古典風條紋線板的呈現方式，設計師以圓形、橢圓置入其中，拿捏比例也增加空間的活潑感。

485+486

睡在千年鷹號宇宙飛船裡

以星際大戰電影中的宇宙飛船千年鷹號為原型，打造星戰迷夢寐以求的臥房，床頭主牆的大圖輸出搭配木作，看起來就像從飛船往外窺視銀河太空的窗景。而衣櫃門片，則像飛船的太空艙門，有如電影場景原汁原味重現。

✎ **造型設計** 冷灰色調門片能呈現科技感，上方凹凸槽除了增加精緻度，也能當作門片開啟施力把手。

485

486

487

圖片提供 © 甘納空間設計

488

圖片提供 © 甘納空間設計

487

簡約古典風的多元更衣間

連接著梳妝區一旁，是女主人專屬的更
衣間，採簡約古典風格為主題設計，呈
現於玻璃格子摺門，訂製中島櫃可收納
飾品配件，玻璃檯面穿搭更方便，更衣
間內針對女主人需求配置多種收納。

`造型設計` 上端的留白層架設計，考量女
主人有許多精品名鞋，可將部分展示此。

488

日式檜木櫃讓衛浴擁有專屬收納

講究實用性，希望衛浴裡的每個物品都
有專屬的收納空間。採用屋主母親最喜
愛的檜木材質訂製鏡櫃、面盆下浴櫃，
浴櫃門片線條傳達日式語彙，為避免遮
擋採光，櫃體刻意往右設計保留通風。

`施工細節` 上方鏡櫃可收盥洗用品，使檯
面維持整齊，右側長型浴櫃下方空間則可
放置垃圾桶，並利用浴櫃後方深度安排毛
巾桿，使用更方便。

489

Tiffany 藍衣櫃展現復古時尚風

屋主希望居家樣貌能與時下住宅與眾不
同，且能夠接受大膽的嘗試，因此，設
計師將主臥房衣櫃鋪陳為明亮的 Tiffany
藍，加上古典線條框架，展現復古時尚
調性，也成為臥房的裝飾牆面。

`施工細節` 櫃體根據收納物件、生活動線
作為門片劃分，左側搭配抽屜收納進入衛
浴需要的換洗衣物或是梳妝用品。

489

490

融合西班牙與多元異國風情調

開放格局的私人招待所空間，以西班牙鄉村風為主調，並融合多種異國風元素，打造令人印象深刻、又難以仿造複刻的獨特設計。起居室與臥房天花，木質挑高斜屋頂，搭配床頭手工質感的泥造牆與壁畫，牆壁則採挖空方式作出展示櫃，讓空間洋溢著濃濃藝術與度假氣息。

造型設計 拱形的牆壁展示櫃，搭配拱形隔間牆柱、拱形床頭泥牆框架，透過西班牙建築特有的圓拱語彙，創造空間層次的律動節奏。

圖片提供 ⓒ 甘納空間設計

490

圖片提供 ⓒ 摩登雅舍室內裝修

圖片提供 ©FUGE 馥閣設計

圖片提供 © 福研設計

圖片提供 © 福研設計

491

墨寶門片展現東方神采

喜愛東方風格的屋主，在書房設計展露無遺，這裡除了作為屋主靜心練字的處所，更能作為瑜珈冥想的彈性使用空間，轉印於收納櫃門片的墨寶正是詩仙李白《將進酒》的書法之作，詩中豪邁意境與開闊感十足的居家空間遙相呼應。

■材質使用 收納櫃選擇可印刷的玻璃門片，將墨寶轉印其上展現東方神采。

492+493

櫃體藍白明亮，讓書香清新漫溢

獨立書房中為滿足一家四口的閱讀需要，設計為整面落地式的書櫃，半身高度處設計白色淺抽屜，收納紙本小物，考量大型精裝典籍尺寸，設計師在中間作了窄長格櫃便於直立置放，扁橫型格櫃則提供讀了一半的書暫時性擱置。

◉尺寸拿捏 根據看書需要為屋主量身打造，不論是珍藏、常翻閱或正在讀的都有收納處，讓書本空間不再凌亂。

494+495

重新詮釋現代禪風，巧妙隱藏書房

因應屋主的辦公需求，在書房前後側皆設置櫃體，櫃面以現代線條結合中式語彙，重新詮釋現代禪風設計。門片式的收納櫃，有效隱藏事務機等辦公室用品，同時量身訂製辦公桌，加大的桌面兩側再加上深抽，讓夫妻兩人都能同時使用。

✎施工細節 事務櫃內側每層皆加牽插座，以便未來加裝設備；同時打造收藏展示區，可讓屋主隨時欣賞。

494

圖片提供 © 摩登雅舍室內裝修

495

圖片提供 © 摩登雅舍室內裝修

圖片提供 © 庵設計

圖片提供 © 優士盟整合設計

圖片提供 © 優士盟整合設計

496
微型工業風的背牆展示櫃

開放式書房背牆前,利用 OSB 定向纖維板搭配玻璃間隔出展示架,展示屋主喜愛的假面超人等公仔與小物件,而且設計師做出了可置放書籍的面板寬度,下方用支架支撐讓其不會板面下凹。

🔲 **材質使用** 利用鋸出一段段的不鏽鋼熱水管,鑲嵌在面板做為支撐,黑色的熱水管讓展示架增添工業風。

497+498
滑門設計將清爽還給空間

20 坪不到的單身小宅中偏偏有著不大不小的畸零空間,設計師考量年輕男主人平常有上網閱讀的習慣,在此區打造了具個人風格的書房,開放式層板與鐵件交錯創造粗獷質感,並設計可左右平移的「滑門」,讓空間保留更單純的立面線條。

📏 **施工細節** 考量書籍大小不同、設計不同容易造成空間中零亂的感覺,滑門的設計巧妙修飾了線條,讓小空間也有寬敞的立面。

499+500
行雲流水般延伸的點線面

如波浪起伏的天花,修飾弱化結構大樑帶來的壓迫感,在公領域後方的書房與臥榻閱讀區,極具風格的端景主題牆,成為視線聚焦。深色拓採岩為背板,嵌入白色噴漆鐵件形塑展示造型書架,搭配下方的抽屜與左右兩座白色櫃體,滿足各式收納機能。

✏️ **造型設計** 白色鐵件書架,特別以弧線造型呈現,正好與天花的波浪曲線以及圓點元素上下互為呼應。

499

圖片提供 © 森境 + 王俊宏室內設計

500

圖片提供 © 森境 + 王俊宏室內設計

國家圖書館出版品預行編目 (CIP) 資料

設計師不傳的私房秘技：機能櫃設計
500 / 漂亮家居編輯部著 . -- 初版 . -- 臺
北市：麥浩斯出版：家庭傳媒城邦分公司
發行 , 2019.01
面； 公分 . -- (Ideal home；60)
ISBN 978-986-408-458-6(平裝)

1. 家庭佈置 2. 室內設計 3. 櫥櫃

422.34   107021054

IDEAL HOME 60

設計師不傳的私房秘技
機能櫃設計 500

作　　者｜ 漂亮家居編輯部
責任編輯｜ 李與真
文字編輯｜ 余佩樺、許嘉芬、施文珍、陳淑萍、鄭雅分、
　　　　　吳念軒、張景威、劉綵荷
封面設計｜ 王彥蘋
美術設計｜ 鄭若誼、王彥蘋、黃畇嘉
行銷企劃｜ 廖鳳鈴、陳冠瑜

發 行 人｜ 何飛鵬
總 經 理｜ 李淑霞
社　　長｜ 林孟葦
總 編 輯｜ 張麗寶
副總編輯｜ 楊宜倩
叢書主編｜ 許嘉芬

出　　版｜ 城邦文化事業股份有限公司 麥浩斯出版
地　　址｜ 104 台北市中山區民生東路二段 141 號 8 樓
電　　話｜ 02-2500-7578
傳　　真｜ 02-2500-1916
E - m a i l｜ cs@myhomelife.com.tw
發　　行｜ 英屬蓋曼群島商家庭傳媒股份有限公司城邦分公司
地　　址｜ 104 台北市民生東路二段 141 號 2F
讀者服務專線｜ 02-2500-7397；0800-020-299（週一至週五 AM09:30 ～ 12:00；PM01:30 ～ PM05:00）
讀者服務傳真｜ 02-2578-9337
E - m a i l｜ service@cite.com.tw
訂購專線｜ 0800-020- 299（週一至週五上午 09:30 ～ 12:00；下午 13:30 ～ 17:00）
劃撥帳號｜ 1983-3516
劃撥戶名｜ 英屬蓋曼群島商家庭傳媒股份有限公司城邦分公司

香港發行 城邦（香港）出版集團有限公司
地　　址｜ 香港灣仔駱克道 193 號東超商業中心 1 樓
電　　話｜ 852-2508-6231
傳　　真｜ 852-2578-9337
電子信箱｜ hkcite@biznetvigator.com

馬新發行｜ 城邦（馬新）出版集團 Cite (M) Sdn Bhd
地　　址｜ 41, Jalan Radin Anum, Bandar Baru Sri Petaling,
　　　　　57000 Kuala Lumpur, Malaysia
電　　話｜ 603-9057-8822
傳　　真｜ 603-9057-6622

製版印刷｜ 凱林彩印股份有限公司
版　　次｜ 2021 年 05 月一版 2 刷
定　　價｜ 新台幣 450 元